NOUVELLES
PLANCHES MURALES
D'HISTOIRE NATURELLE

PAR

P. GERVAIS

MEMBRE DE L'INSTITUT
PROFESSEUR AU MUSÉUM D'HISTOIRE NATURELLE

---

3 édition de la collection d'Achille COMTE

Zoologie. — Botanique. — Géologie.

TEXTE EXPLICATIF

PAR

M. Henri GERVAIS

AIDE DE LA CHAIRE D'ANATOMIE COMPARÉE AU MUSÉUM

PARIS

G. MASSON, ÉDITEUR

LIBRAIRE DE L'ACADÉMIE DE MÉDECINE

120, Boulevard Saint-Germain, en face de l'École de Médecine

AVIS DE L'ÉDITEUR

Les *nouvelles planches murales d'histoire naturelle* ont été conçues et exécutées en s'inspirant du plan et des dispositions matérielles qui ont assuré le succès de la collection d'Achille Comte.

Mais elles n'en sont pas moins une œuvre entièrement nouvelle mise au courant de la science et des besoins de l'enseignement.

La composition des planches a été profondément modifiée ; les sujets représentés ont été puisés aux meilleures sources et reproduits, toutes les fois que cela a été possible, d'après les originaux existant dans les collections du Muséum.

Le *texte* a été l'objet d'améliorations et d'innovations importantes. Chaque planche, réduite avec le plus grand soin par la photographie, y est représentée en *fac-simile* en regard de l'explication ; de cette façon l'élève suivra plus facilement la leçon du professeur, et pourra, quand les planches ne seront plus sous ses yeux, consulter les figures qui ont servi à la démonstration.

Enfin M. H. Gervais a fait précéder chacune des légendes d'une courte notice qui résume l'objet et les points principaux de la leçon à laquelle la planche est destinée.

Le texte devient donc à la fois un guide pour l'enseignement, un memento pour l'élève.

La collection comprend 60 planches ainsi réparties :

Botanique............	14
Zoologie.............	34
Géologie.............	12

Chaque planche peut être vendue séparément.

3129-81 — Corbeil. Typ. et stér. Crété.

ENSEIGNEMENT

DE

L'HISTOIRE NATURELLE

DANS LES CLASSES DE GRAMMAIRE

Planches de la collection GERVAIS

SPÉCIALEMENT DÉSIGNÉES PAR LA COMMISSION

CLASSE DE HUITIÈME

N° de la Collection GERVAIS

Zoologie.

Squelette de l'homme........................ ZOOL. XVI. XVII.

Botanique.

Racines.................................... BOT. VII.
Tiges...................................... BOT. VIII.
Feuilles................................... BOT. X.
Fleurs. Inflorescence...................... BOT. XI.
Fleurs..................................... BOT. XII.
Fruits..................................... BOT. XIII.
Graines. Germination....................... BOT. XIV.

CLASSE DE SEPTIÈME

Géologie.

Plantes de la houille...................... GÉOL IV.

CLASSE DE CINQUIÈME

Zoologie.	Nº de la Collection GERVAIS
Appareil digestif	ZOOL. VI. VII.
Dentition de l'homme	ZOOL. IX.
Dentition des animaux	ZOOL. X.
Appareil respiratoire	ZOOL. XIV.
Squelette de l'homme	ZOOL. XVI. XVII.
Système nerveux	ZOOL. XXIX.
Squelette de coq	ZOOL. XX.
Squelette de grenouille	ZOOL. XXI.
Squelette de poissons	ZOOL. XXI.

CLASSE DE QUATRIÈME

Botanique.

Racines	BOT. VII.
Tiges	BOT. VIII.
Feuilles	BOT. X.
Fleurs. Inflorescence	BOT. XI.
Fleurs	BOT. XII.
Fruits	BOT. XIII.
Graines. Germination	BOT. XIV.

Géologie.

Plantes de la houille	GÉOL. IV.
Reptiles jurassiques	GÉOL. VII.
Vertébrés du terrain tertiaire	GÉOL. X.
Vertébrés du terrain tertiaire	GÉOL. XI.
Terrain quaternaire	GÉOL. XII.

AVIS. — La *collection Gervais*, dans laquelle ces planches ont été choisies, comprend ensemble 62 planches, dont le texte explicatif complet est compris dans ce volume.

Chaque planche est vendue séparément. Les établissements qui, ayant reçu directement les planches ci-dessus, désireraient pour la facilité de l'enseignement, posséder la série complète, peuvent se procurer chez l'éditeur les planches complémentaires aux prix suivants :

La feuille non montée	3 fr. 50
La feuille montée	6 fr. 50

PLANCHES MURALES
D'HISTOIRE NATURELLE

BOTANIQUE

PLANCHES I ET II

Classification du règne végétal

Les planches I et II sont consacrées à la classification des végétaux. Le Règne végétal est divisé en deux sous-règnes : le premier comprend les végétaux **phanérogames;** le second les **cryptogames.**

Les Phanérogames se divisent eux-mêmes en deux embranchements distincts suivant que leurs graines sont protégées par un péricarpe ou bien qu'elles sont nues; dans le premier cas ils sont dits *angiospermes*, le second embranchement comprend les *gymnospermes.*

I. **Embranchement des végétaux angiospermes.** — Les végétaux angiospermes comprennent deux grands groupes auxquels on a donné le nom de **classes**, ce sont : 1° les *dicotylédones;* 2° les *monocotylédones.*

1° **Classe des dicotylédones.** — Cette classe se subdivise en trois séries de végétaux présentant entre elles des points de contact. Elles sont désignées sous les noms d'*apétales*, de *monopétales* (*gamopétales*) et de *polypétales* (*dialypétales*).

a. Apétales. — (**fig.** *a*, *exemple tiré du châtaignier*) ; — les fleurs males (**fig.** *a'* ♂) et les fleurs femelles (**fig.** *a''*), sont considérablement grandies ; — (**fig.** *b*, *exemple tiré du houblon*) ; — (**fig.** *c*, *exemple tiré du sarrazin*) ; dans cet exemple les fleurs sont hermaphrodites ; — (**fig.** *c'* ☿, *coupe verticale de la fleur du sarrazin*) ; — (**fig.** *d*, *exemple tiré de la betterave*).

b. Monopétales. — (**fig.** *e*, *exemple tiré du pissenlit*) ; — (**fig.** *f*, *de l'artichaut*) ; — (**fig.** *g*, *de la pomme de terre*) ; — (**fig.** *h*, *de la garance*).

c. Polypétales. — (**fig.** *i*, *exemple tiré du pommier*) ; — (**fig.** *i'*, *coupe verticale de la fleur du pommier*) ; — (**fig.** *k*, *exemple tiré du pois*) ; — (**fig.** *l*, *de la violette*) ; — (**fig.** *m*, *de la giroflée*) ; — (**fig.** *n*, *du coquelicot*) ; — (**fig.** *o*, *de la pivoine*) ; — La **figure** *k'*, montre une graine de dicotylédonée en voie de germination ; les deux cotylédons ont été écartés l'un de l'autre pour montrer la *gemmule*.

2° **Classe des dicotylédones.** — (**fig.** *p*, *exemple tiré de l'ophrys mouche*) ; — (**fig.** *q*, *trachycarpus*), espèce de palmier originaire de la Chine ; — (**fig.** *r*, *ornithogale*) ; — (**fig.** *s*, *asperge officinale*) ; — (**fig.** *s'*, *fleur de l'asperge officinale*) ; — (**fig.** *s''*, *pousse comestible de l'asperge officinale*) ; — (**fig.** *t*, *arum vulgaire*) ; — (**fig.** *u*, *maïs*).

II. **Embranchement des végétaux gymnospermes.** — Les gymnospermes se divisent en deux classes qui sont :

1° Les Conifères. — (**fig.** *v*, *exemple tiré de l'if*) ; — (**fig.** *v'*, *châton de fleurs mâles, du même végétal*) ; — (**fig.** *v''*, *étamines à 5 divisions, vues en dessous*) ; — (**fig.** *v'''*, *fleurs femelles du cyprès*), dans cette fleur, comme dans tous les végétaux résineux, Pins, Sapins, etc., les ovules sont à nu, d'où le nom de gymnospermes ; — (**fig.** *x*, *sequoia* conifère gigantesque de Californie ; — (**fig.** *y*, *genévrier*), cette figure représente un rameau portant des fruits.

2° Les CYCADÉS. — (**fig.** *z*, *cycas des Indes*) ; — (**fig.** *z'*, *exemple tiré du genre Ceratozamia*), appendice foliiforme représentant une des fleurs femelles isolée.

Le second sous-règne comprend deux embranchements :

III. **Embranchement des végétaux acrogènes.** — Les végétaux acrogènes, c'est-à-dire ceux qui croissent par l'extrémité de leur tige, forment le troisième embranchement du règne végétal. On les divise en deux classes qui sont : 1° les MUSCINÉES, comprenant les *mousses*, les *prêles*, etc., etc. ; 2° les FILICINÉES, c'est-à-dire les *fougères*. — (**fig.** 1, *prêle*) : — (**fig.** 2, *fougère*), genre POLYSTIC ; (**fig.** 2', *prothallium*), état passager de la jeune fougère.

IV. **Embranchement des végétaux cellulaires ou amphigènes.** — Ce dernier embranchement est le plus riche du règne végétal. Les nombreuses espèces qu'il comprend forment trois classes : les *algues*, les *champignons* et les *lichens*. (**fig.** 3, l'*agaric de couche*) ; — (**fig.** 4, *fucus vésiculeux*), FRONDE ET FRUCTIFICATION ; — (**fig.** 5, *diatomée, pleurosigma angulatum*) ; — (**fig.** 6, *ferment de la levûre de bière*) ;— (**fig.** 7, *protococcus couleur de sang*).

PL. I

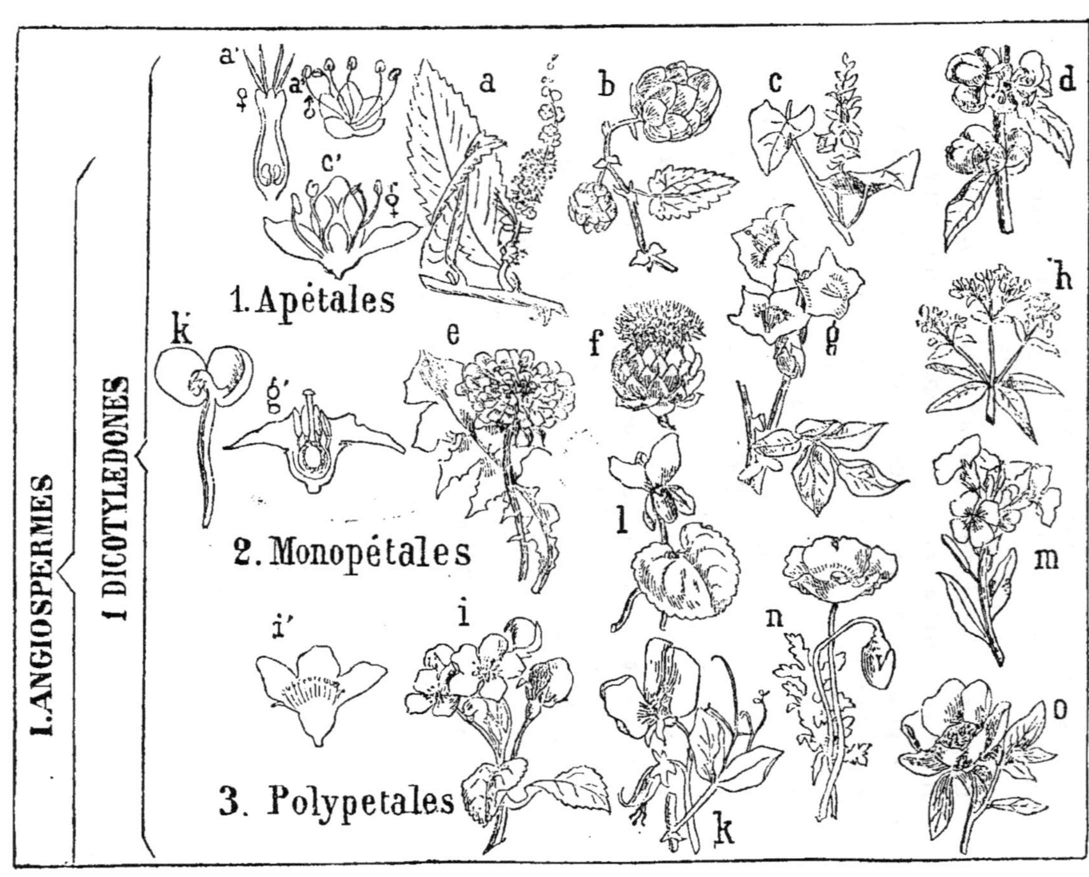

CLASSIFICATION DES VÉGÉTAUX.

EXPLICATION DES PLANCHES I ET II

I. — ANGIOSPERMES.

I. — DICOTYLÉDONES.

1. — APÉTALES.

a **rameau de châtaignier pourvu de ses fleurs mâles et de ses fleurs femelles.**
a′ **♂ fleur mâle du châtaignier.**
a″ **♀ fleur femelle du même végétal.**
b **houblon.**
c **sarrazin.**
c′ **coupe verticale de la fleur ⚥ du sarrasin.**
d **betterave.**

2. — MONOPÉTALES.

e **pissenlit.**
f **artichaut.**
g **pomme de terre.**
g′ **fleur de pomme de terre** (SECTION VERTICALE).
h **garance**

3. — POLYPÉTALES.

i **pommier.**
i′ **fleurs du pommier** (SECTION VERTICALE).
k **pois.**
k′ **germination du pois.**
l **violette.**
m **giroflée.**
n **coquelicot.**
o **pivoine.**

II. — MONOCOTYLÉDONES.

p **ophrys mouche.**
q **palmier de Chine.**
r **ornithogale.**
s **asperge officinale.**
s′ **asperge officinale** (FLEUR).
s″ **asperge** (POUSSE COMESTIBLE).
t **arum vulgaire.**
u **maïs.**

PL. II

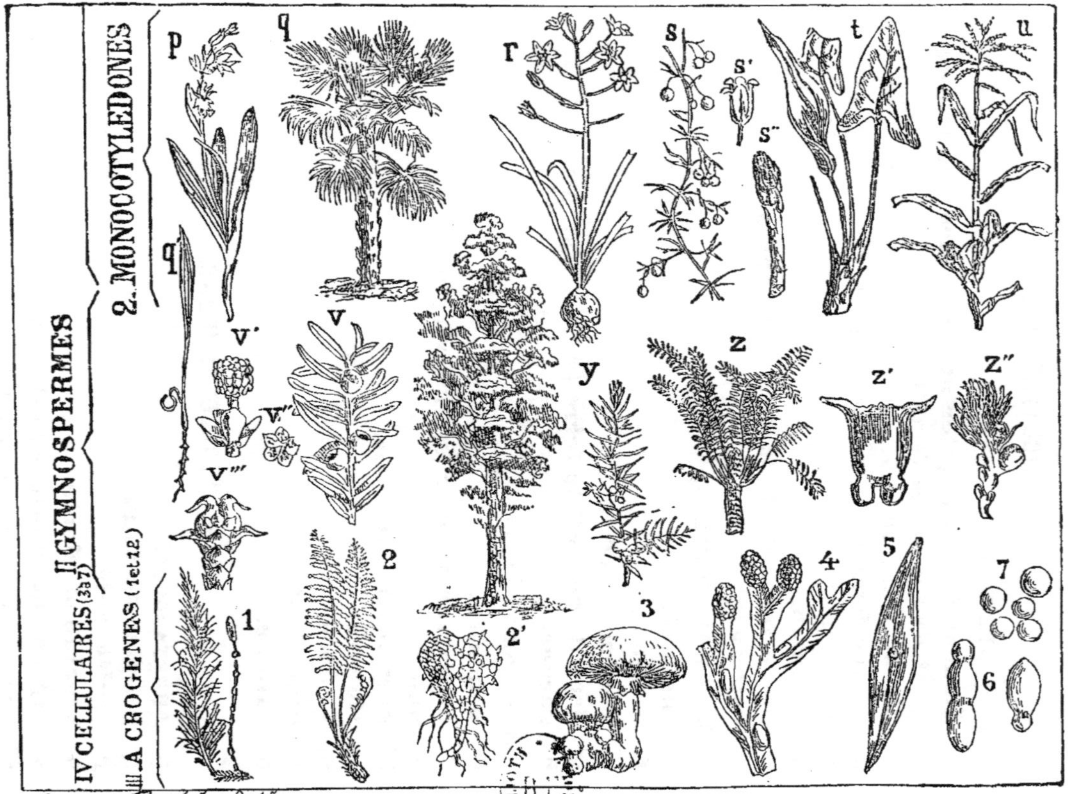

2. MONOCOTYLEDONES

II GYMNOSPERMES

IV CELLULAIRES (3 à 7)

III ACROGENES (1 et 2)

Georges Profit, Del.

CLASSIFICATION DES VÉGÉTAUX.

EXPLICATION DES PLANCHES I ET II (*suite*).

II. — GYMNOSPERMES.

I. — CONIFÈRES.

v **if.**
v' **un chaton de fleurs mâles de l'if.**
v'' **étamine à cinq divisions, vue en dessous.**
v''' **cyprès** (FLORAISON FEMELLE MONTRANT LES OVULES A NU).
x **sequoia.**
y **genévrier** (RAMEAU PORTANT DES FRUITS).

II. — CYCADÉES.

z **cycas des Indes.**
z' **appendice foliiforme représentant une fleur femelle isolée du cône dont elle fait partie** (GENRE CERATOZAMIA).
z'' **appendice foliiforme portant des graines** (GENRE CYCAS).

III. — ACROGÈNES.

1 **prêle.**
2 **fougère** (GENRE POLYSTIC).
2' **prothallium** (ÉTAT PASSAGER DE LA JEUNE FOUGÈRE).

IV. — CELLULAIRES.

3 **agaric de couche.**
4 **fucus vésiculeux** (FRONDE ET FRUCTIFICATION).
5 **diatomée** (PLEUROSIGMA ANGULATUM).
6 **ferment de la levûre de bière.**
7 **protococcus couleur de sang.**

PLANCHE III

Classification de Linné

La planche III est consacrée au **système sexuel de Linné.** Cette classification restée célèbre, quoique depuis longtemps abandonnée, est basée sur les modifications que peuvent présenter les organes sexuels des plantes, modifications portant principalement sur le nombre, les proportions ou les rapports que les étamines ont entre elles, ainsi que ceux qu'elles peuvent avoir avec les pistils, lorsque ceux-ci, réunis sur une même enveloppe florale, viennent à se souder avec elles ; elle tient compte aussi de la réunion des sexes dans un même sujet ainsi que de la séparation des fleurs mâles d'avec les fleurs femelles, dans le cas où ces différents organes sont portés par des individus distincts.

Nous donnons ici le tableau de la classification de Linné, renvoyant pour les exemples de chacune des **vingt-quatre classes** dans lesquelles sont répartis les végétaux, aux figures correspondantes dessinées sur la planche murale **n° 3** de cette collection.

TABLEAU :

				Classe		Exemple
PHANÉROGAMES	Fleurs hermaphrodites	Etamines libres et égales	1 étamine......	I.	MONANDRIE....	(FIG. 1. *Balisier*).
			2 —	II.	DIANDRIE......	(— 2. *Véronique*).
			3 —	III.	TRIANDRIE....	(— 3. *Iris*).
			4 —	IV.	TÉTRANDRIE...	(— 4. *Plantain*).
			5 —	V.	PENTANDRIE...	(— 5. *Vigne*).
			6 —	VI.	HEXANDRIE. ...	(— 6. *Lis*).
			7 —	VII.	HEPTANDRIE...	(— 7. *Marronnier*).
			8 —	VIII.	OCTANDRIE....	(— 8. *Fuchsia*).
			9 —	IX.	ENNÉANDRIE...	(— 9. *Laurier*).
			10 —	X.	DÉCANDRIE....	(— 10. *Œillet*).
			11-19 —	XI.	DODÉCANDRIE..	(— 11. *Joubarbe*).
			20 — ou plus sur le calice.	XII.	ICOSANDRIE....	(— 12. *Fraisier*).
			20 ou plus sur le réceptacle....	XIII.	POLYANDRIE...	(— 13. *Renoncule*).
		libres et inégales	4 étamines, dont 2 plus longues	XIV.	DIDYNAMIE	(— 14. *Muflier*).
			6 étamines, dont 4 plus longues	XV.	TÉTRADYNAMIE.	(— 15. *Giroflée*).
		soudées par leurs filets	Soudées par le filet en un seul faisceau	XVI.	MONADELPHIE .	(— 16. *Mauve*).
			Soudées par le filet en 2 faisceaux	XVII.	DIADELPHIE ...	(— 17. *Pois*).
			Soudées par le filet en deux ou plusieurs faisceaux.	XVIII.	POLYADELPHIE	(— 18. *Oranger*).
		soudées par les anthères.....		XIX.	SYNGENÉSIE....	(— 19. *Chicorée*).
		adhérentes au pistil.........		XX.	GYNANDRIE....	(— 20. *Aristoloche*).
	Fleurs unisexuées ou hermaphrodites habitant le même pied ou sur des pieds distincts		fleurs pistilées et fleurs staminées sur le même pied................	XXI.	MONOECIE......	(— 21. *Ortie*).
			fleurs pistilées et fleurs staminées sur des pieds distincts.	XXII.	DIOECIE........	(— 22. *Chanvre*).
			fleurs unisexuées ou hermaphrodites sur le même pied.......	XXIII.	POLYGAMIE....	(— 23. *Pariétaire*).
CRYPTOGAMES			Etamines et pistils non apparents..	XXIV.	CRYPTOGAMIE..	(— 24. *Capillaire*).

PL. III

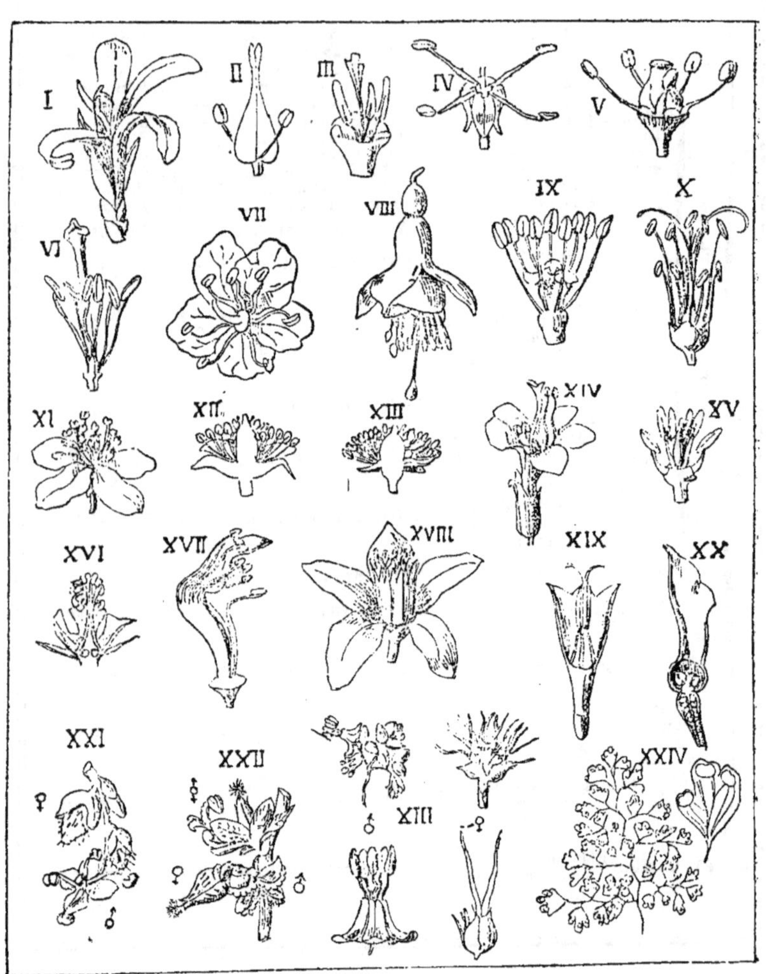

CLASSIFICATION DE LINNÉ.

EXPLICATION DE LA PLANCHE III

I. **balisier.**
II. **véronique** (LES ENVELOPPES FLORALES ONT ÉTÉ ENLEVÉES).
III. **iris.**
IV. **plantain.**
V. **vigne** (SANS LES ENVELOPPES FLORALES).
VI. **lis** (SANS LES ENVELOPPES FLORALES).
VII. **marronnier d'Inde.**
VIII. **fuchsia.**
IX. **laurier** (SANS LES ENVELOPPES FLORALES).
X. **œillet** (SANS LES ENVELOPPES FLORALES).
XI. **joubarbe.**
XII. **fraisier** (COUPE DE LA FLEUR).
XIII. **renoncule** (COUPE DE LA FLEUR).
XIV. **muflier**
XV. **giroflée** (SANS LES ENVELOPPES FLORALES).
XVI. **mauve.**
XVII. **pois** (SANS LES ENVELOPPES FLORALES).
XVIII. **oranger.**
XIX. **chicorée.**
XX. **aristoloche.**
XXI. **ortie** (FLEURS ♂ ET ♀ SUR LE MÊME PIED)
XXII. **chanvre** (FLEURS ♂ ET ♀ SUR DES PIEDS DIFFÉRENTS).
XXIII. **pariétaire** (FLEURS ♂ ET ♀ TANTÔT SÉPARÉES SUR DES PIEDS DIFFÉRENTS, TANTÔT RÉUNIES SUR LE MÊME PIED).
XXIV. **capillaire.**

PLANCHE IV

Organes élémentaires

PREMIÈRE PLANCHE

Les organes fondamentaux des végétaux, c'est-à-dire les racines, les tiges, les feuilles, etc., sont, comme nous le verrons plus tard, pour les organes des animaux, composés d'une multitude d'organismes visibles seulement au microscope, que l'on désigne sous le nom d'**organes élémentaires** et qui dérivent tous d'un élément primordial, la *Cellule* ou *Utricule*.

Les cellules sont constituées par une enveloppe close, ordinairement très mince et transparente, mais qui peut s'épaissir à mesure qu'elle avance en âge, par l'adjonction de nouvelles couches concentriques incomplètes se déposant sur sa paroi interne. Vues au microscope, ces cellules présentent différents aspects et sont désignées sous les noms de CELLULES PONCTUÉES, (**fig.** *a*, *exemple tiré du sureau*); — de CELLULES RAYÉES, (**fig.** *b*, *du sureau*); — de CELLULES RÉTICULÉES, (**fig.** *c*, *du gui*); — de CELLULES ANNULAIRES, (**fig.** *d*, *du gui*); — de CELLULES SPIRALÉES, (**fig.** *e*, *d'une orchidée*).

Les jeunes cellules ont une forme à peu près sphérique, forme qui diffère peu de celles qui sont représentées dans les figures *a*, *b*, *c*, *d*, *e*. Elles circonscrivent entre elles des espaces irréguliers désignés sous le nom de **méats intercellulaires** remplis d'air ou comblés par des liquides. Ces liquides deviennent même quelquefois si abondants, qu'ils refoulent les parois des cellules voisines. Les cellules se ramifient quelquefois et, en se réunissant les unes aux autres, prennent des formes qui se présentent à nos yeux sous la forme dite *étoilée*, comme le présente la **figure** *b*, *exemple tiré du Rubanier*.

Lorsque les cellules avancent en âge et que leur nombre augmente, leurs parois sont de plus en plus comprimées les unes contre les autres. Par suite de cette compression, ces corps prennent une forme polyédrique sous laquelle nous les voyons généralement, et qui se ramène tantôt au dodécaèdre (**fig.** *g*), dont la section représente un polygone de six côtés, tantôt au prisme, ou bien encore au cube, comme cela se voit dans un grand nombre de végétaux.

Les cellules des végétaux peuvent contenir des gaz, principalement de l'air; elles peuvent aussi contenir des liquides, tels que l'eau colorée par certaines substances, des essences huileuses, etc., etc. ; enfin des solides, parmi lesquels nous citerons 1° la FÉCULE ou AMIDON, (**fig.** *h, fécule de la pomme de terre dont les grains ont été colorés au moyen de la teinture d'iode*) ; 2° la CHLOROPHYLLE, ou matière colorante verte des végétaux, (**fig.** *i*). Ces substances peuvent être réparties dans des cellules distinctes ou réunies dans la même cavité, comme nous le montre la **figure** *j*, qui représente les grains de *fécule* entourés de granules d'*aleurone* ; les premiers plus grands et à couches concentriques, les autres plus petits, sphériques et formés d'une substance azotée colorée de diverses manières suivant les végétaux dans lesquels on la rencontre. Dans la **figure** *j*, les grains de fécule n'ont pas été soumis à l'action de la teinture d'iode.

Les corps solides contenus dans les cellules peuvent aussi être des cristaux affectant différentes formes. La **figure** *k* représente des cellules de l'oseille commune, contenant des *raphides*, sortes de cristaux allongés en forme d'aiguilles et formés ici d'acide oxalique.

Dans certains cas, les cellules des végétaux prennent une très grande densité par suite de l'épaississement exagéré de leurs parois, et par l'accumulation à leur intérieur d'une grande quantité de corps solides ; leur cavité interne disparaît alors complètement, comme nous le montre la **figure** *l*.

PL. IV

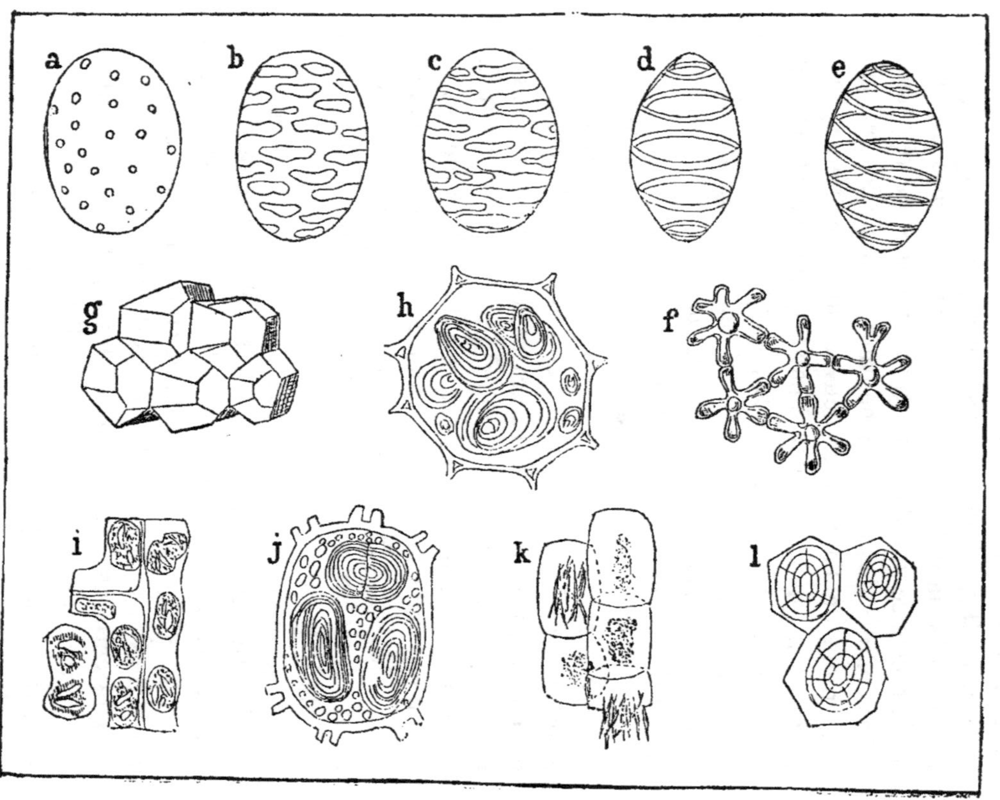

ORGANES ÉLÉMENTAIRES. — TISSU CELLULAIRE.

EXPLICATION DE LA PLANCHE IV

a **cellule ponctuée** (EXEMPLE TIRÉ DU SUREAU).
b **— rayée** (— DU SUREAU)
c **— réticulée** (— DU GUY).
d **— annulaire** (— DU GUY).
e **— spiralée** (— D'UNE ORCHIDÉE).
f **— ramifiées étoilées** (DU RUBANIER).
g **section d'un amas de cellules polyédriques.**
h **grains de fécule colorés au moyen de la teinture d'iode** (EXEMPLE TIRÉ DE LA POMME DE TERRE).
i **chlorophylle ou matière colorante des végétaux.**
j **grains de fécule entourés de granules d'aleurone.**
k **cellules de l'oseille commune contenant des raphides.**
l **cellules dont les parois ont subi un épaississement exagéré.**

PLANCHE V

Organes élémentaires

DEUXIÈME PLANCHE

Les cellules des végétaux n'ont pas toujours les formes sous lesquelles nous les voyons représentées dans la planche précédente ; elles peuvent, en effet, s'allonger plus ou moins de manière à prendre l'aspect de *fibres fusiformes*, constituant par leur agencement en faisceaux plus ou moins rapprochés (**fig.** *a, exemple tiré du chanvre*), une masse plus ou moins compacte, que les anatomistes désignent sous le nom de **tissu fibreux.**

Les parois de ces **cellules fusiformes** peuvent être plus ou moins épaisses, comme l'indique la **figure** *a'*, représentant la section transversale du faisceau de fibres *a*, ainsi que la **figure** *b'* donnant celle du faisceau dessiné dans la **figure** *b*, (*exemple tiré du sapin*) et montrant de distance en distance et dans toute leur longueur de petites excavations ou pores.

Les cellules fusiformes *clostres* peuvent aussi se présenter sous différents aspects ; elles sont tantôt LISSES (**fig.** *a, exemple tiré du chanvre*) ; — tantôt PONCTUÉES (**fig.** *e*) ; — d'autres fois RAYÉES (**fig.** *f*) ; — ou bien encore SPIRALÉES **fig.** *g*), etc.

Lorsqu'un certain nombre de ces cellules se réunissent bout à bout, de manière à laisser communiquer leurs cavités entre elles, elles forment ce que l'on nomme un **vaisseau.** Plusieurs vaisseaux accolés les uns aux autres et se réunissant entre eux, constituent le TISSU VASCULAIRE. Ces vaisseaux, suivant qu'ils sont formés de cellules rayées, ponctuées, spiralées, ou ayant tout autre aspect, prennent le nom de VAISSEAUX RAYÉS OU SCALARIFORMES (**fig.** *c, exemple tiré de la fougère*) ; — de VAISSEAUX PONCTUÉS (**fig.** *d, du melon*) ; — la **figure** *e* (*exemple tiré de la clématite*) représente ces deux sortes de vaisseaux accolés les uns aux autres ; de VAISSEAUX RÉTICULÉS (**fig.** *f, du melon*) ; — de VAISSEAUX SPIRAUX (**fig.** *g* et *h, du melon*).

Ces différentes sortes de vaisseaux peuvent se trouver réunis dans la tige d'un même végétal, comme le montre la **figure** *i*, représentant la section verticale d'une tige de balsamine.

Certains organes sont particulièrement affectés à la circulation du *latex* ou suc propre des végétaux : on les désigne sous le nom de VAISSEAUX LATICIFÈRES (**fig.** *k, exemple tiré de la chélidoine* chez laquelle le latex est jaune).

PL. V

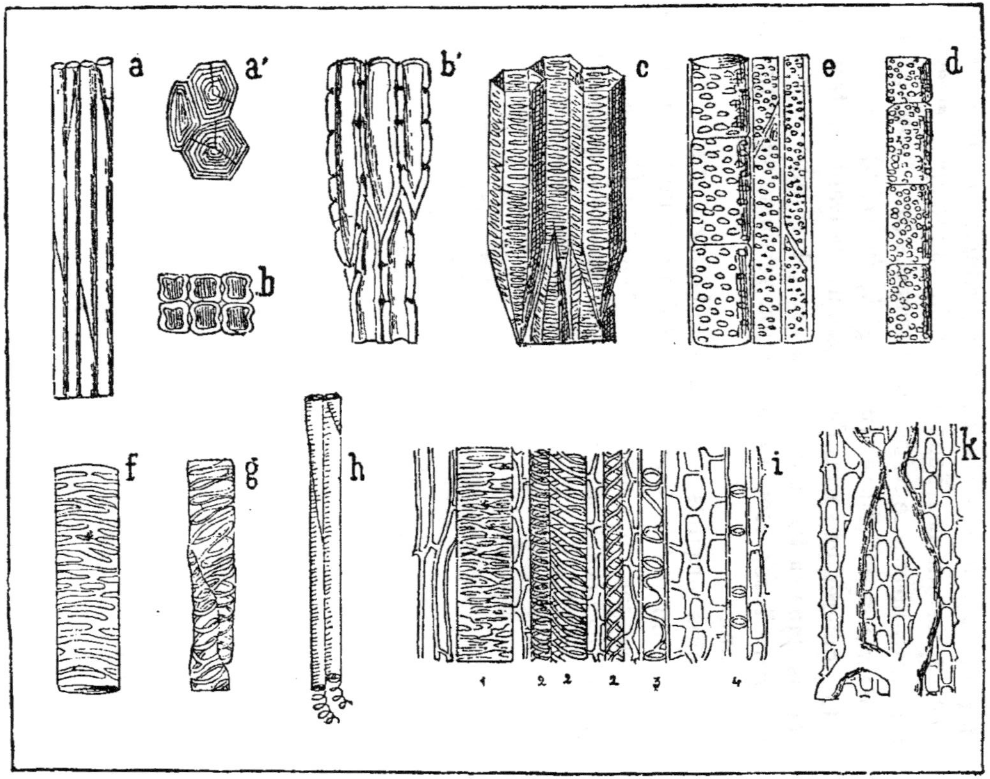

a a′ b′ c e d

b

f g h i k

1 2 2 2 3 4

ORGANES ÉLÉMENTAIRES. — TISSU FIBREUX ET VASCULAIRE.

EXPLICATION DE LA PLANCHE V

a **faisceau de fibres lisses** (EXEMPLE TIRÉ DU CHANVRE).

a' **section transversale du faisceau A.**

b **faisceau de fibres ligneuses du sapin.**

b' **coupe transversale du faisceau B.**

c **vaisseaux scalariformes de fougère.**

d **vaisseaux ponctués du melon.**

e **vaisseaux ponctués et vaisseaux rayés moniliformes de la clématite.**

f **vaisseaux réticulés du melon.**

g **vaisseau spiralé.**

h **trachées du melon** (LE FIL EST DÉROULÉ A LA PARTIE INFÉRIEURE).

i **portion de tige de la chélidoine montrant différentes sortes de vaisseaux réunis, 1 vaisseau réticulé; 2,2,2 vaisseaux spiraux; 3 vaisseau spiralé; 4 vaisseau annelé.**

k **vaisseaux laticifères.**

PLANCHE VI

Organes des végétaux

La **figure** *a* de cette planche représente **la cuticule**, sorte de membrane mince, transparente et sans structure appréciable au microscope, qui recouvre et protège l'épiderme des végétaux. Cette *cuticule* qu'il est si facile de détacher de la surface de certaines feuilles, lorsqu'on a soumis ces organes à une macération prolongée, nous apparaît complètement lisse lorsque la partie du végétal d'où elle provient est dépourvue de poils ; elle est au contraire hérissée d'aspérités, lorsqu'il existe de ces organes (**fig.** *a*, *exemple tiré de la feuille du chou*). — La **figure** *b* représente un fragment de tige de SUREAU, montrant à sa surface un grand nombre de LENTICELLES, sortes de très petites protubérances brunes formées par des cellules dépendant de la couche subéreuse et qui par leur accroissement exagéré, soulevant l'épiderme, finissent par rompre cette membrane et se dessécher au contact de l'air libre. Le rôle des *lenticelles* est encore peu connu.

Les **figures** *c*, *d*, *e*, *f*, *g*, *h*, *i*, *k*, *n*, *o*, *p* de cette planche représentent les poils des végétaux, productions épidermiques dont le nombre ainsi que la forme sont très variables selon les plantes et les organes de la plante que l'on étudie. Ces poils sont recouverts par la cuticule et sont tantôt composés d'une seule cellule (**fig.** *p*, *exemple tiré de la corbeille d'or*); — tantôt de plusieurs (**fig.** *c*, **fig.** *d*, **fig.** *h*, *etc.*, *etc.*). — Ils sont souvent SIMPLES, (**fig.** *a*, *exemple tiré du chou*); — ou bien ÉTOILÉS, (**fig.** *p*) ; — ou bien encore RENFLÉS A LEUR EXTRÉMITÉ, (**fig.** *c*, *exemple tiré* *d'une solanée*) ; ils contiennent alors une substance liquide tenant en suspension des granules irréguliers comme le montre la même figure, ainsi que les suivantes (**fig.** *d*, *exemple tiré de la sauge*) ; — (**fig.** *e* et *e'*, *de la tomate*) ; — (**fig.** *g*, *du thym*) ; — (**fig.** *h*, *d'une espèce de sureau*) ; — (**fig.** *i* et *i'*, *de l'ortie*) ; — (**fig.** *k*, *de la fraxinelle*) ; — (**fig.** *l*, *du rosier*).

Les poils peuvent encore prendre une multitude d'autres formes parmi lesquelles nous figurons sur cette planche, la forme dite RAMEUSE et RAYONNÉE (**fig.** *o*) ; — enfin la forme en CHAPELET (**fig.** *n*, *exemple tiré de la belle de nuit*).

Les aiguillons sont comme les poils des productions épidermiques (**fig.** *q*, *aiguillon trifide du groseillier*) ; — comme les poils, ils peuvent aussi être pourvus de glandes (**fig.** *m*, *exemple tiré du rosier*).

La couche épidermique des végétaux, comme nous le verrons plus tard, renferme encore d'autres organes de sécrétion contenus dans son épaisseur ou placés dans le voisinage de la surface, ce sont des GLANDES contenant soit des *essences*, soit des liquides urticants ou toute autre substance. — (**fig.** *r*, *glande odorante de la rue*) ; — (**fig.** *t*, *glande à essence de l'épicarpe de l'orange*).

PL. VI

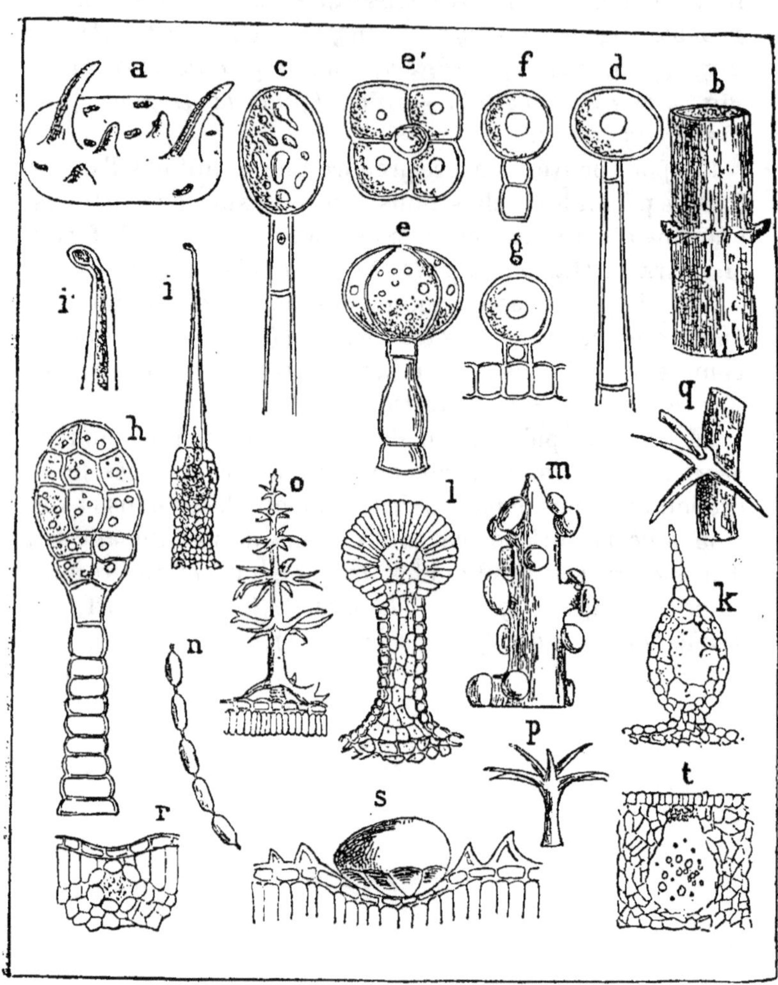

ORGANES DES VÉGÉTAUX.

EXPLICATION DE LA PLANCHE VI

a **cuticule du chou.**
b **lenticelles** (FRAGMENT D'UNE TIGE DE SUREAU).
c **poil d'une solanée.**
d — **de sauge.**
e — **de tomate.**
f — **d'une espèce de pélargonium.**
g — **du thym.**
h — **d'une espèce de sureau.**
i — **de l'ortie.**
k — **de la fraxinelle.**
l **glande du rosier.**
m **pointe d'aiguillon de rosier** (CET AIGUILLON EST POURVU DE GLANDES, LES UNES SESSILES, LES AUTRES PÉDICELLÉES).
n **poil en chapelet** (EXEMPLE TIRÉ DE LA BELLE DE NUIT).
o — **ramifié.**
p — **étoilé unicellulaire** (DE LA CORBEILLE D'OR).
q **aiguillon trifide** (DU GROSEILLIER A MAQUEREAU).
r **glande odorante de la rue.**
s **glande logée dans une fossette peu profonde de l'épiderme** (DU THYM).
t **glande de l'épicarpe de l'orange.**

PLANCHE VII

Organes de la nutrition

RACINES

La planche VII est consacrée à l'étude de la **racine,** cette portion souterraine des végétaux par laquelle ils se fixent au sol et y puisent les matériaux nécessaires à leur vie et à leur développement.

La forme et la disposition des racines sont sujettes à de grandes variations. On désigne sous le nom de RACINES PIVOTANTES celles qui s'enfoncent perpendiculairement dans le sol. Les racines pivotantes peuvent être SIMPLES ou RAMIFIÉES, (**fig.** *a, racine pivotante ramifiée d'un jeune chêne*); — (**fig.** *b, racine pivotante simple de la betterave*).

Les racines sont dites FIBREUSES, lorsqu'elles forment un chevelu plus ou moins épais dont les filets, s'insèrent à peu près à la même hauteur ; parmi ces filets les uns sont SIMPLES, les autres RAMEUX, (**fig.** *e, exemple de racine fibreuse tiré du blé*). Les filets de la racine peuvent se renfler sur certains points de leur trajet, on dit alors que cette portion du végétal est TUBERCULEUSE (**fig.** *d, exemple tiré du dahlia*). Si ces renflements existent sur plusieurs points d'un même filet, la racine est dite NOUEUSE, (**fig.** *f, racine noueuse de la filipendule*).

La **figure** *g* représente les racines de l'oignon : elles sont disposées en couronne à la partie inférieure de la tige du bulbe. On peut trouver des RACINES FIBREUSES (plateau) et des RACINES NOUEUSES sur un même sujet (**fig.** *h, exemple tiré d'une orchidée*). Cette **figure** nous montre du côté droit la racine et une portion de la tige correspondante, le premier de ces organes s'est desséché en nourrissant la plante, pendant que se développaient à côté d'elle la racine et la tige de l'année suivante. Au-dessus des racines tuberculeuses représentées dans la même figure. se trouvent des RACINES FIBREUSES ; ce sont elles qui sont plus spécialement chargées d'aller puiser dans le sol des matériaux de nutrition.

Les différentes racines que nous venons d'énumérer sont des racines souterraines, ces organes peuvent être AÉRIENS, on les désigne alors sous le nom de RACINES ADVENTIVES (**fig.** *k*, *racines adventives de la vanille*). Dans certains cas elles sont remplacées par des CRAMPONS qui n'en remplissent cependant pas les fonctions (**fig.** *l*, *exemple tiré du lierre*). Les racines adventives peuvent prendre dans certains cas un développement considérable (**fig.** *m*, *figuier des Pagodes et ses racines adventives*). Citons encore les RACINES AQUATIQUES, celles de la lentille d'eau, par exemple, qui ne sont pas représentées sur cette planche murale.

La **figure** *i*, montre les poils radicaux par où la racine absorbe les liquides et la coiffe qui protège son extrémité.

PL. VII

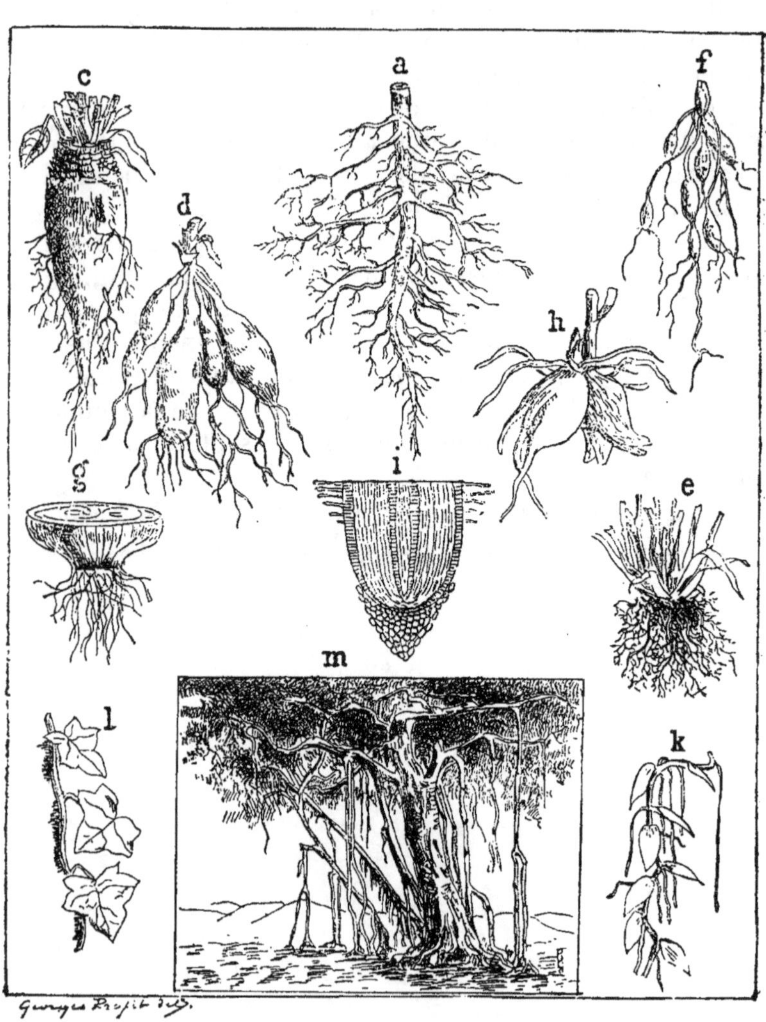

ORGANES DE LA NUTRITION.

(RACINES.)

EXPLICATION DE LA PLANCHE VII

a **racine pivotante ramifiée** (EXEMPLE TIRÉ DU CHÊNE).

c **racine pivotante simple** (EXEMPLE TIRÉ DE LA BETTERAVE).

d **racine tuberculeuse** (EXEMPLE TIRÉ DU DAHLIA.)

e — **fibreuse** (EXEMPLE TIRÉ DU BLÉ).

f — **noueuse** (EXEMPLE TIRÉ DE LA FILLIPENDULE).

g — **de l'oignon.**

h **racine tuberculo-fibreuse** (EXEMPLE TIRÉ DE L'ORCHIDÉE).

i **coupe verticale de l'extrémité d'une racine** montrant les poils radicaux par lesquels la racine absorbe et au-dessous la coiffe qui protège l'extrémité de la racine (EXEMPLE TIRÉ DU MAÏS).

k **racines adventives** (EXEMPLE TIRÉ DE LA VANILLE).

l **crampons** désignés à tort sous le nom de **racines** (EXEMPLE TIRÉ DU LIERRE).

m **racines adventives** (EXEMPLE TIRÉ DU FIGUIER DES PAGODES).

PLANCHE VIII

Organes de la nutrition

TIGE

Cette planche est consacrée à l'étude de la tige, cette portion de l'axe des végétaux, simple ou ramifiée, qui s'élève généralement au-dessus du sol. La tige peut être **herbacée** ou **ligneuse;** dans le premier cas elle est annuelle ou bisannuelle, dans le second elle se développe pendant plusieurs années consécutives et constitue ce qu'on appelle le **tronc.**

La **figure** *a*, représente la coupe schématique d'une jeune tige et montre les formations primaires. On y reconnaît en dedans de l'écorce le cylindre central renfermant la moelle (*ml*), et les faisceaux libéro-ligneux (*lib*, *bs*). Ces formations primaires ne sont pas modifiées chez les tiges âgées des monocotylédones et des cryptogames vasculaires, tandis que chez les dicotylédones et les gymnospermes, il se produit des formations secondaires annuelles.

La **figure** *b*, représente la coupe schématique d'une tige dicotylédone et montre les formations secondaires. Ces formations sont produites par la couche génératrice *c. g*, qui forme du liber à l'extérieur et du bois dans l'intérieur. Cette coupe nous montre comment se disposent successivement les couches annuelles de bois de dedans en dehors, et les couches annuelles du liber de dehors en dedans.

Si nous pratiquons une section transversale sur le tronc d'un arbre de la classe des dicotylédones (**fig.** *e*, *exemple tiré du chêne*), nous voyons au centre une partie formée de larges cellules qui constituent la moelle et autour desquelles se succèdent un certain nombre de zones concentriques qui sont les *couches ligneuses.* A chaque année du développement du végétal correspond une de ces couches; la section représentée sur la **figure** *e*, nous représente donc un chêne âgé de dix-sept ans. La couche ligneuse la plus externe et qui est en même temps la plus jeune, a une densité moindre que celle de toutes les autres, on la désigne sous le nom d'*aubier*. L'aubier est à son tour recouvert par l'écorce. De la moelle centrale partent un grand nombre de rayons médullaires.

La section transversale d'une jeune branche de dicotylédone, prise entre deux rayons médullaires (**fig.** *f*, *exemple tiré du chêne*), nous montre en allant de dehors en dedans : 1° l'ÉPIDERME; 2° l'ENVELOPPE SUBÉREUSE souvent fort développée et constituant le liège, substance qui occupe un volume considérable dans le chêne-liège; 3° le MÉSODERME; 4° la COUCHE HERBACÉE; 5° le LIBER; 6° le BOIS; 7° la MOELLE.

La tige des monocotylédonés arborescents est bien différente comme aspect et comme structure de celle des dicotylédonés. Si l'on pratique une section transversale sur le tronc de l'un de ces premiers végétaux (**fig.** *i*, *exemple tiré du palmier*), on voit au premier abord que la moelle au lieu d'occuper le centre du cercle ainsi obtenu, se trouve au contraire comme diffuse et traversée par une multitude de faisceaux fibro-vasculaires très espacés les uns des autres au centre de la tige, plus serrés au contraire dans le voisinage de l'écorce ne sont point placés parallèlement les uns aux autres: ils ont d'abord une direction oblique de bas en haut et de dehors en dedans ; puis, après avoir décrit une courbe à convexité supérieure, ils se rapprochent de la périphérie pour se rendre bientôt dans le pétiole de la feuille.

La tige des végétaux gymnospermes présente une grande analogie de structure avec celle des dicotylédonés, mais elle manque de vaisseaux proprement dits. Nous y voyons, en effet, des couches concentriques (**fig.** *o, exemple tiré du pin*) ; — elle en diffère par d'autres caractères bien tranchés, surtout par l'aspect de ses fibres ligneuses. Vue à un fort grossissement, la tige des conifères nous montre en allant de dehors en dedans : 1° une écorce pourvue de lacunes résinifères ; 2° une couche génératrice ; 3° les différentes couches de fibres ligneuses sillonnées par des rayons médullaires très étroits ; 4° la moelle centrale.

Dans les cryptogames, la tige présente quelque analogie avec celle des palmiers qui sont des monocotylédonés. Si l'on pratique une section transversale sur le tronc d'une espèce arborescente de cryptogames (**fig.** *q, exemple tiré d'une fougère arborescente*), on voit à la partie extérieure : 1° l'écorce se présentant sous un aspect rugueux ; 2° plus en dedans, une zone de faisceaux libéro-ligneux inégaux entre eux, isolés les uns des autres, tantôt en forme de croissant, tantôt circulaires ou sinueux. Ces faisceaux vus à un fort grossissement (**fig.** *r*), laissent voir : 1° une enveloppe complète composée de cellules à parois épaisses et ponctuées noires ; 2° une couche mince de *parenchyme* de faible consistance ; 3° de gros vaisseaux *prismatiques scalariformes*. Autour de ces faisceaux se trouve le *parenchyme celluleux*, puis les *fibres du liber*, et enfin l'*épiderme*.

La tige des végétaux peut se présenter à nos yeux sous différents aspects : elle peut être en partie souterraine (**fig.** *h, exemple tiré de la pomme de terre*) et présenter sur certains points de son trajet des renflements gorgés de fécule, renflements désignés sous le nom de TUBERCULES. Elle peut aussi se présenter sous la forme d'un BULBE, qu'il soit ÉCAILLEUX, TUNIQUÉ ou SOLIDE, portant inférieurement les racines, supérieurement les FEUILLES au centre desquelles se trouve le bourgeon qui doit donner les fleurs (**fig.** *m*, *exemple de bulbe tuniqué tiré de la jacinthe*). On donne à la tige le nom de RHIZOME, lorsque cette portion du végétal rampe dans le voisinage de la surface du sol, émettant de distance en distance des racines adventives comme cela se voit dans la figure suivante (**fig.** *n*, *exemple tiré de l'iris*).

PL. VIII

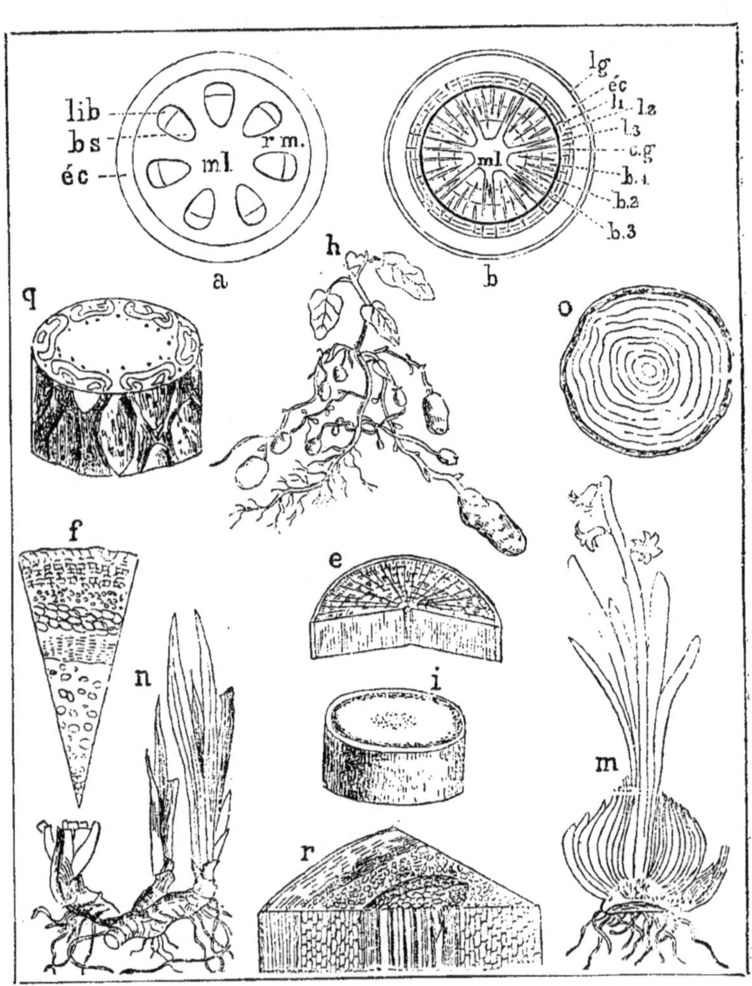

ORGANES DE LA NUTRITION.
(TIGE.)

EXPLICATION DE LA PLANCHE VIII.

a **schema de la coupe transversale d'une jeune tige** montrant les formations primaires : *ml*, moelle ; *rm*, rayons médullaires ; *bs*, *lib*, faisceaux libéro-ligneux ; *bs*, bois ; *lib*, liber ; *éc*, écorce.

b **schema de la coupe transversale d'une tige de dicotylédone âgée de trois ans** montrant les formations secondaires : *ml*, moelle d'où partent de nombreux rayons médullaires ; *l* 1, liber de la première année ; *l* 2, de la seconde ; *l* 3, de la troisième ; *c. g.* couche génératrice ; *b* 1, bois de la 1re année ; *b* 2, de la seconde ; *b* 3, de la troisième ; *éc*, écorce ; *lg*, liège.

e **coupe d'une tige de dicotylédone âgé de dix-sept ans** (EXEMPLE TIRÉ DU CHÊNE).

f **coupe de la tige d'une dicotylédone fortement grossie** (EXEMPLE TIRÉ DU CHÊNE), secteur pris entre deux rayons médullaires.

h **Pomme de terre** (cette figure représente le VEGÉTAL COMPLET : sa tige aérienne, les ramifications de sa tige souterraine complètement distinctes de la racine et dont les divisions renflées sur certains points de leur trajet constituent les tubercules vulgairement appelés pommes de terre. Ces tubercules sont formés d'un amas considérable de cellules contenant de la fécule.

i **section transversale d'un stipe ou tronc de palmier.**

m **section longitudinale d'une jacinthe** (TIGE PORTANT DES FEUILLES, DES FLEURS ET DES RACINES).

n **rhizome ou tige souterraine de l'iris** (PORTANT DES RACINES ET DES FEUILLES).

o **tronc du pin** (COUPE TRANSVERSALE).

q **tige de fougère arborescente** (SECTION TRANSVERSALE) montrant la répartition des principaux groupes des vaisseaux.

r **portion de tige de fougère vue à un fort grossissement.**

PLANCHE IX

Greffes et instruments de greffage. Appareils destinés à démontrer les phénomènes de l'absorption, de la circulation de la sève et de la respiration chez les végétaux.

Les premières **figures** de cette planche sont destinées à donner une idée des principaux procédés de **greffage** employés par les horticulteurs.

La greffe est cette opération qui consiste à porter sur un végétal nommé **sujet**, une portion d'un autre végétal que l'on appelle **greffe**, de telle façon qu'elle fasse corps avec le premier, vive à ses dépens et y continue son développement.

Les procédés de greffage sont très nombreux. La GREFFE ANGLAISE (**fig.** *a*), dans laquelle les deux encoches obliques pratiquées sur le GREFFON sont rapprochées de celles pratiquées en sens contraire sur le *sujet*, est une des plus employées en raison de sa grande solidité. Dans la GREFFE EN FLUTE (**fig.** *b*), on enlève à la tige d'un végétal un tuyau d'écorce portant un bourgeon ; ce greffon, une fois appliqué sur le sujet auquel on a préalablement enlevé une portion d'écorce ayant exactement les mêmes dimensions de la greffe, est solidement maintenu par une ligature que l'on a soin d'enduire de résine lorsque les parties ne s'appliquent pas exactement les unes contre les autres. Le troisième procédé que nous représentons (**fig.** *c*) est le GREFFAGE EN ÉCUSSON. L'écusson étant détaché, on pratique sur le sujet une incision en forme de T, en ayant soin de soulever ensuite l'écorce avec la spatule d'ivoire du couteau (**fig.** *h*). On introduit aussitôt le greffon dans la fente et on pratique la ligature.

Dans la GREFFE EN FENTE AVEC ŒIL ENCHASSÉ (**fig.** *d*), le greffon porte deux yeux. Celui de ces yeux qui est opposé au biseau sera enchassé dans la fente, l'autre situé au sommet, servira à activer le mouvement d'ascension de la sève.

Nous représentons enfin (**fig.** *e*), la GREFFE EN COURONNE dans laquelle le tronc du sujet est coupé transversalement. Dans le voisinage de la circonférence de cette section on pratique des entailles dans chacune desquelles est introduit un greffon taillé en biseau à son extrémité inférieure. Une seule ligature réunit les trois greffes. L'extrémité du sujet est ensuite recouverte de résine ou de terre argileuse.

Les principaux instruments employés à l'opération du greffage, sont : la SCIE (**fig.** *f*) ; — le SÉCATEUR (**fig.** *g*) ; — la SERPETTE (**fig.** *i*) ; — le GREFFOIR (**fig.** *h*).

Le *couchage* est une opération de culture basée sur le développement des racines adventives, c'est avec le *bouturage* et le *marcottage*, un des procédés les plus employés par les horticulteurs pour la propagation de certains végétaux. Pour pratiquer le couchage on applique au fond d'un sillon creusé dans le sol, un rameau de la tige du végétal en ayant soin de l'y maintenir au moyen de griffes (**fig.** *k*, *exemple tiré de la glycine*) ; sur ce rameau ont été préalablement pratiquées de petites encoches. On recouvre le tout de terre, et au bout d'un temps plus ou moins long, il se produit de petites racines adventives qui permettent de détacher le rameau du sujet qui peut dès lors se suffire à lui-même.

La **figure** *l* représente l'*endosmomètre de Dutrochet*, appareil au moyen duquel on explique le phénomène de l'*endosmose* ou ascension de la sève.

La **figure** *m* représente l'appareil dont on se sert pour la démonstration des phénomènes de la respiration chez les végétaux.

La **figure** *n* représente l'appareil imaginé par Halles pour démontrer la force ascensionnelle de la sève dans le tronc des végétaux.

PL. IX

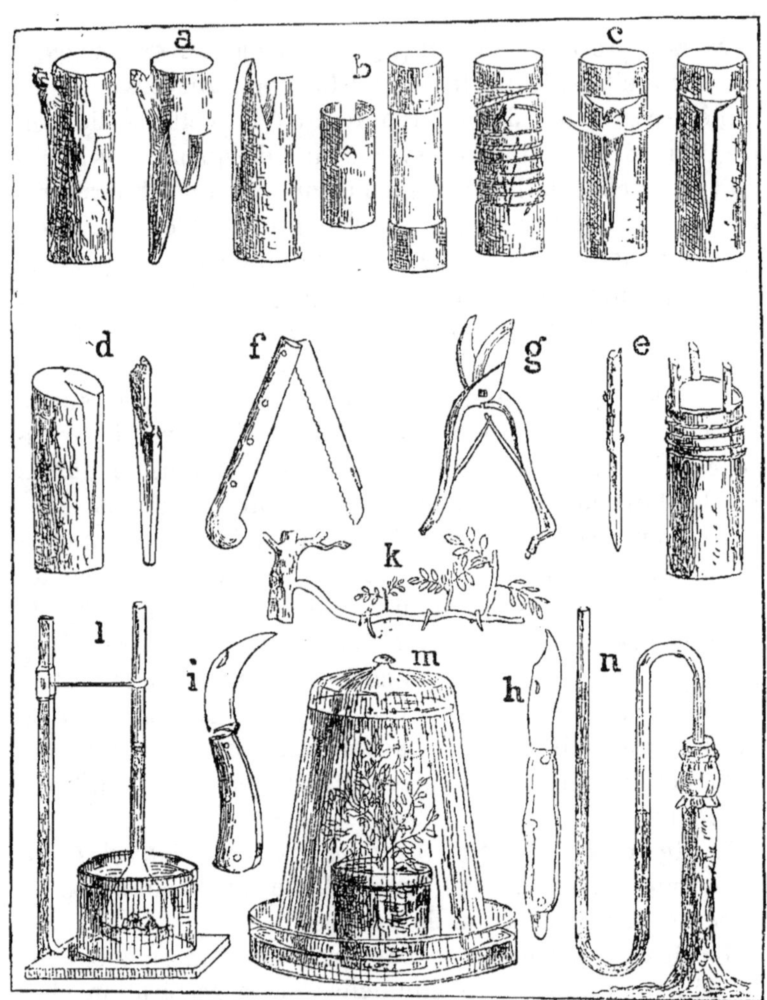

GREFFES ET INSTRUMENTS DE GREFFAGE.

EXPLICATION DE LA PLANCHE IX

a **greffe anglaise.**
b **greffe en flûte.**
c **greffe en écusson.**
d **greffe en fente avec un œil enchâssé.**
e **greffe en couronne.**
f **scie à main.**
g **sécateur.**
h **greffoir terminé par sa spatule en ivoire.**
i **serpette.**
k **couchage par rameau** (EXEMPLE TIRÉ DE LA GLYCINE)**.**
l **endosmomètre de Dutrochet.**
m **cloche servant à démontrer le phénomène de la respiration chez les végétaux.**
n **appareil de Halles, pour démontrer la force d'ascension de la sève dans le tronc des végétaux.**

PLANCHE X

Organes de nutrition

FEUILLES

Les **bourgeons** sont des corps de forme ovoïde plus ou moins allongés, se développant le plus souvent à l'aisselle des feuilles. Ils sont *nus* lorsque toutes leurs parties se développent en feuilles, *écailleux* lorsqu'ils sont enveloppés par de petits organes qui ne sont autre chose que des feuilles, des pétioles ou des stipules modifiés que l'on désigne sous le nom d'écailles (**fig.** *a*, *bourgeons écailleux du marronnier d'Inde*) et (**fig.** *b*, *bourgeons écailleux du lilas*). Les bourgeons sont dits TERMINAUX, lorsqu'ils terminent l'axe d'une branche, comme cela se voit dans les deux **figures** précédentes, LATÉRAUX lorsqu'ils sont placés de chaque côté de cet axe (**fig.** *a*). On distingue deux sortes de bourgeons, les bourgeons à feuilles proprement dits qui donneront naissance à un rameau et les bourgeons à fleurs (*boutons*) qui produiront des fleurs.

La feuille se compose généralement de deux parties, l'une étroite, le plus souvent allongée, et par laquelle elle s'insère à la tige, se nomme PÉTIOLE ; la seconde partie plus ou moins élargie a reçu le nom de LIMBE (**fig.** *h*, *feuille pétiolée, exemple tiré de la capucine*). Lorsque le pétiole manque, la feuille est dite SESSILE. Le pétiole n'est pour ainsi dire qu'une continuation de la tige, ce dont il est facile de se convaincre en faisant une section verticale intéressant ces deux parties du végétal. Les nombreuses ramifications du pétiole dans le limbe sont désignées sous le nom de *nervures ;* ce sont ces nervures qui forment la charpente de la feuille (**fig.** *g*, *feuille de la vigne étalée pour montrer les nervures*).

Si l'on pratique une section verticale très mince sur le limbe d'une feuille de dicotylédone, par exemple, (**fig.** *c*), et qu'on l'étudie au microscope, on remarque que les faces supérieure et inférieure de cette portion du végétal sont constituées par des cellules plus ou moins allongées et aplaties constituant l'ÉPIDERME. Cet épiderme porte souvent des poils et laisse voir de distance en distance de petites interruptions qui ne sont autre chose que les STOMATES (**fig.** *f*, *montrant les stomates d'une feuille vus à un fort grossissement et par la face externe*). Entre les deux couches épidermiques se trouve le PARENCHYME de la feuille, tissu divisé en PARENCHYME SUPÉRIEUR dont les cellules sont disposées en palissade et en PARENCHYME INFÉRIEUR ou PARENCHYME LACUNEUX, au milieu duquel nous remarquons deux faisceaux fibro-vasculaires indiquant des nervures coupées transversalement.

La **figure** *c*, montre un stomate coupé. On y distingue en haut les deux cellules stomatiques qui diffèrent des autres cellules de l'épiderme par la présence de grains de chlorophylle : entre elles, est la petite ouverture du stomate (*ostiole*). Au-dessous du stomate se trouve une lacune dans le tissu de la feuille. C'est la *chambre à air*.

Les feuilles peuvent se présenter à nos yeux sous des formes très différentes, formes qui peuvent même varier suivant l'âge et même les parties du végétal que ces organes occupent. On désigne ces formes par des noms tirés du langage vulgaire, nous en donnons ici quelques exemples : (**fig.** *g*, *feuille lobée, exemple tiré de la vigne*) ; — (**fig.** *h*, *feuille peltée, exemple tiré de la capucine*) ; — (**fig.** *m*, *feuille lancéolée, exemple tiré du bambou*). Ces différentes sortes de feuilles, dans lesquelles le pétiole supporte un limbe unique, sont dites SIMPLES. Dans les FEUILLES COMPOSÉES (**fig.** *n, exemple tiré du robinia*), le pétiole principal porte des pétioles secondaires sur lesquels sont insérés les *folioles*.

Les feuilles ne s'insèrent pas au hasard sur les tiges, elles y occupent des positions définies pour chaque espèce de plante. Ces organes y sont tantôt OPPOSÉS (**fig.** *z, exemple tiré du mouron*), tantôt VERTICILLÉS (**fig.** *s, exemple tiré de la pesse*), etc., etc., l'étude des lois qui président à l'insertion des feuilles, constitue ce que les botanistes appellent la *phyllotaxie*, et l'on exprime les différentes dispositions de ces organes par les formules suivantes : $\frac{1}{2}$, $\frac{1}{3}$, $\frac{2}{5}$, $\frac{3}{8}$, $\frac{5}{13}$, etc., etc., fractions dont le numérateur exprime le nombre des spires de chaque cycle, le dénominateur donnant celui des feuilles qui composent ce cycle, (**fig.** *t, rameau d'orme dont les feuilles alternes sont disposées en spirale et distantes de $\frac{1}{2}$ circonférence*); — (**fig.** *u, rameau d'aulne dont une feuille alterne est distante de $\frac{1}{3}$ de circonférence de celle qui la précède ou de celle qui la suit*). La **figure** *v* représente une rosette formant un cycle de 13 feuilles dont l'angle de divergence est $\frac{5}{13}$, l'axe indiquant 5 tours de spires sur lesquels sont insérés les pétioles de 13 feuilles.

Le pétiole ainsi que le limbe des feuilles subissent souvent d'importantes modifications. Le pétiole s'élargit quelquefois en forme de LIMBE (**fig.** *i, exemple tiré de l'acacia heterophylla*), d'autres fois, il existe seul et prend la forme dite en VRILLE (**fig.** *g, exemple tiré de la vigne*). Ce même pétiole peut porter des expensions membraneuses que l'on nomme STIPULES (**fig.** *k, exemple tiré de la pensée*); ou bien encore des LIGULES (**fig.** *m, exemple tiré du bambou*). Les feuilles situées dans le voisinage d'une fleur ou d'un groupe de fleurs peuvent subir certaines modifications dans leur couleur, dans leur forme, etc., on les désigne alors sous le nom de BRACTÉES (**fig.** *l, exemple tiré du bougainvillia*).

Les cotylédons sont aussi des feuilles dans lesquelles s'accumulent certaines substances destinées à nourrir l'embryon (**fig.** *o*, *exemple tiré de l'amandier*). Enfin les modifications de ces organes peuvent encore être plus profondes, exemple les *épines* (**fig.** *q*, *épine rameuse*), qui ne sont autre chose que des pétioles transformés, et bien différentes, quant à leur origine, des AIGUILLONS (**fig.** *p*) qui ne sont que des productions épidermiques.

PL. X

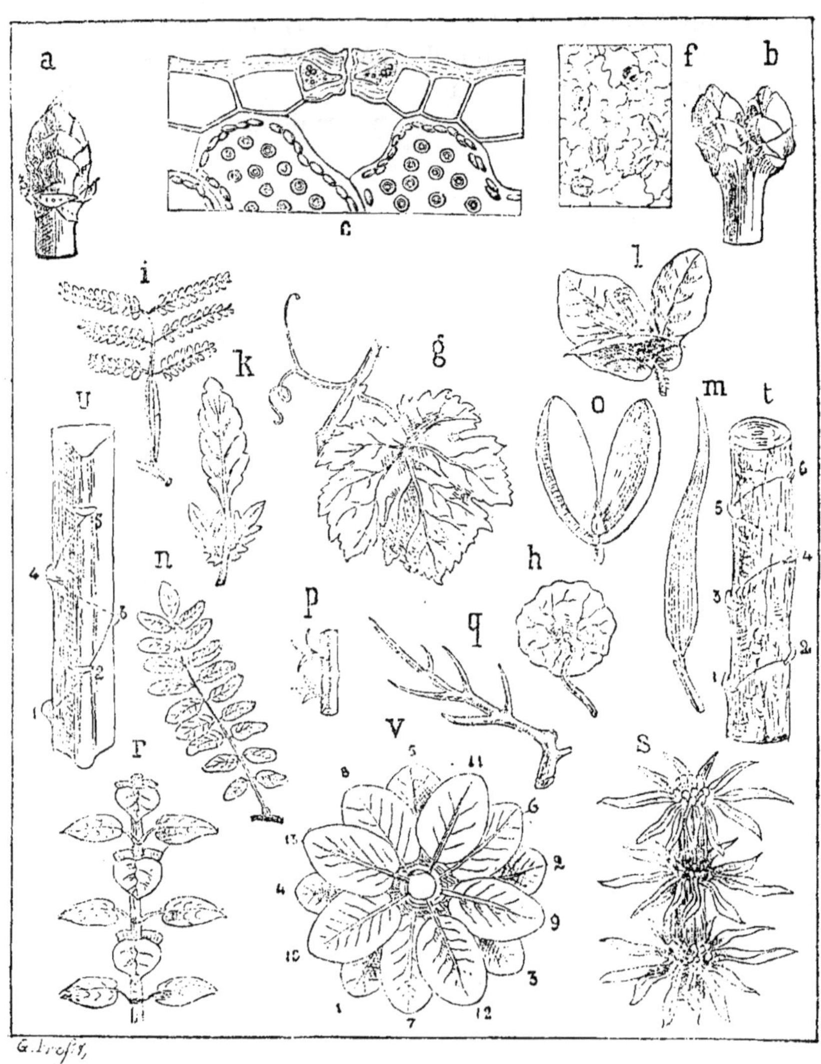

ORGANES DE NUTRITION.

(FEUILLES.)

EXPLICATION DE LA PLANCHE X

a **bourgeon du marronnier d'Inde.**

b **bourgeons géminés du lilas commun.**

c **Portion du bord de la coupe transversale d'une feuille, grossie au microscope** (montrant la coupe d'un stomate, les deux cellules stomatiques séparées par l'ostiole et au-dessous, la chambre à air).

f **épiderme d'une feuille vu par sa face externe et montrant les stomates.**

g **feuille lobée** (EXEMPLE TIRÉ DE LA VIGNE). Sur le côté de la tige opposé à celui où s'insère la feuille se trouve une *vrille.*

h **feuille peltée** (EXEMPLE TIRÉ DE LA CAPUCINE).

i **feuille à phyllode** (EXEMPLE TIRÉ DE L'ACACIA HETEROPHYLLE).

k **feuille avec stipules** (EXEMPLE TIRÉ DE LA PENSÉE).

l **bractées colorées** (EXEMPLE TIRÉ DU BOUGAINVILLIA).

m **feuille lancéolée pourvue d'un ligule** (EXEMPLE TIRÉ DU BAMBOU ou de toute autre graminée, BLÉ, etc).

n **feuille composée pennée** (EXEMPLE TIRÉ DU ROBINIA).

o **feuilles cotylédonaires d'un embryon d'amandier** (PREMIÈRES FEUILLES).

p **aiguillon** (PRODUCTION ÉPIDERMIQUE).

q **épine rameuse** (PÉTIOLE TRANSFORMÉ).

r **feuilles opposées** (EXEMPLE TIRÉ DU MOURON).

s **feuilles verticillées** (EXEMPLE TIRÉ DE LA PESSE).

t **feuilles alternes** (EXEMPLE TIRÉ DE L'ORME). Cette figure représente une portion de rameau d'orme sur lequel les insertions des feuilles sont disposées en spirale et distantes entre elles de $\frac{1}{2}$ circonférence.

u **feuilles alternes** (EXEMPLE TIRÉ DE L'AULNE). Chaque insertion est distante de $\frac{1}{3}$ de circonférence de celle qui précède ou qui la suit.

v **rosette formant un cycle de 13 feuilles.**

PLANCHE XI

Organes de reproduction

Inflorescence

La planche XI est consacrée à l'étude de l'**inflorescence**, c'est-à-dire au mode d'apparition des fleurs et à leur distribution sur chaque espèce de plante. On distingue deux principales sortes d'inflorescences : 1° l'inflorescence **indéterminée** ou **indéfinie** ; 2° l'inflorescence **déterminée** ou **définie**.

La GRAPPE est le point de départ des inflorescences indéterminées ; la GRAPPE proprement dite ou GRAPPE SIMPLE appartient aux inflorescences indéfinies (**fig.** *a*, *exemple tiré du groseillier*) ; — et le THYRSE rentre dans les inflorescences définies chez lesquelles l'axe se ramifie (**fig.** *b*, *exemple tiré de la vigne*). Le CORYMBE est une inflorescence en grappe sur laquelle les pédoncules floraux supérieurs restent plus courts que ceux qui sont placés au-dessous d'eux. Il y a deux sortes de corymbes, le CORYMBE SIMPLE (**fig.** *c*, *exemple tiré du cerisier*) ; et le CORYMBE COMPOSÉ (**fig.** *d*, *exemple tiré de l'alisier*). Une troisième sorte d'inflorescence indéfinie est l'OMBELLE, sorte de grappe dans laquelle le rachis est encore plus raccourci que dans le corymbe (**fig.** *e*, *exemple tiré du prunier*), et l'OMBELLE COMPOSÉE (*exemple tiré de la carotte*). Le CAPITULE est une inflorescence indéfinie dans laquelle les fleurs sont insérées sur un réceptacle (fig. *m*, *capitule du souci des champs*). Nous arrivons enfin à l'ÉPI dont l'axe porte des fleurs non pédonculées ; il peut être SIMPLE (fig. *g*, *exemple tiré de la verveine, plantain, etc.*), ou COMPOSÉ (fig. *h*, *exemple tiré du froment*). Le CHATON (fig. *l*, *fleurs mâles du chêne*) est une sorte d'épi dans lequel les fleurs sont unisexuées et dont le périanthe est remplacé par de simples écailles.

Comme exemple d'inflorescence déterminée nous représentons la CYME SCORPIOÏDE (fig. *i*, *exemple tiré du myosotis*) et la CYME BIPARE (fig. *k*, *exemple tiré de la petite centaurée*).

PL. XI

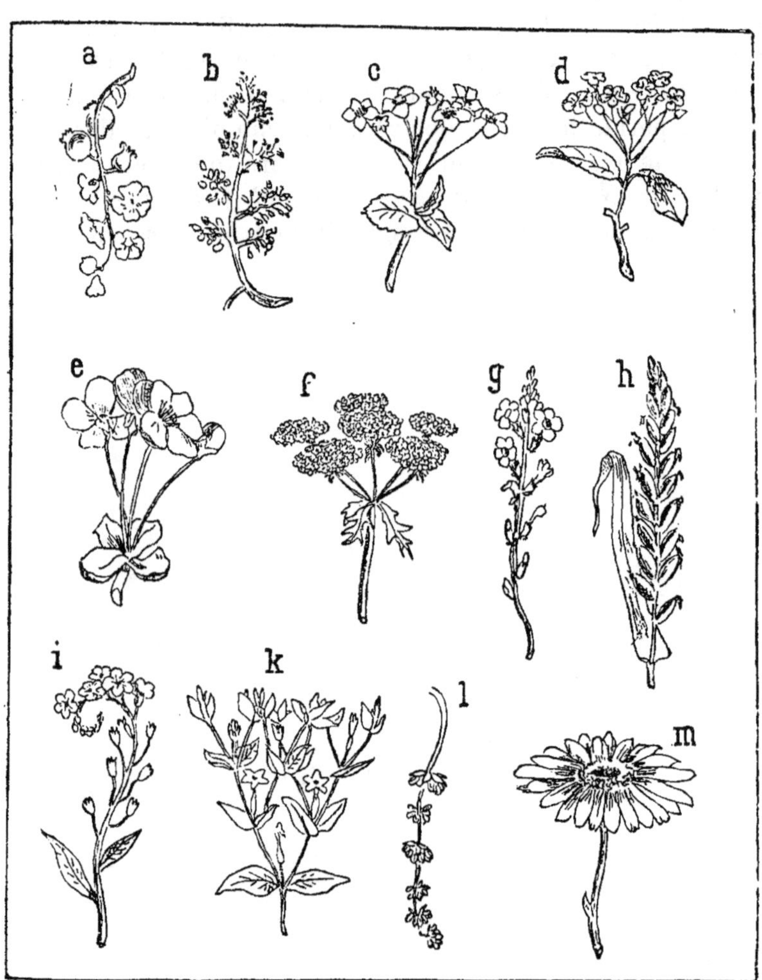

ORGANES DE REPRODUCTION.

(INFLORESCENCE)

EXPLICATION DE LA PLANCHE XI

a	**grappe simple**	(EXEMPLE TIRÉ DU GROSEILLIER).
b	**thyrse.**	(— DE LA VIGNE).
c	**corymbe simple**	(— DU CERISIER).
d	**corymbe composé**	(— DE L'ALISIER).
e	**corymbe pauciflore**	(— DU PRUNIER).
f	**ombelle**	(— DE LA CAROTTE).
g	**épi simple**	(— DE LA VERVEINE).
h	**épi composé**	(— DU FROMENT).
i	**cyme scorpioïde**	(— DU MYOSOTIS).
k	**cyme bipare**	(— DE LA PETITE CENTAURÉE).
l	**chaton, fleurs ♂**	(— DU CHÊNE).
m	**capitule**	(— DU SOUCI DES CHAMPS).

PLANCHE XII

Organes de reproduction

FLEURS

La planche XII est consacrée à l'étude des **organes reproducteurs** des végétaux ; organes dont l'ensemble constitue ce que l'on appelle la **fleur.**

Une fleur complète est composée de quatre verticilles qui sont en allant de dedans en dehors : 1° le *pistil* ; 2° les *étamines* ; 3° la *corolle* ; 4° le *calice*. Les deux premiers verticilles sont formés par les organes reproducteurs. La corolle et le calice qui les entourent ne sont que des organes protecteurs, ils constituent le *périanthe*, qui peut être incomplet, soit par l'avortement de la corolle, soit par celui du calice, soit même complètement nul par suite de l'avortement du calice et de la corolle.

Le **pistil** ou **gynecée** est l'appareil femelle de la plante, ses divisions ou ses parties élémentaires se nomment les CARPELLES et il peut être à carpelles soudés ou en parties libres ou encore à carpelles distincts (**fig.** *a*, *pistil à carpelles soudés, exemple tiré de la primevère*) ; — (**fig.** *a'*, *pistil à carpelles libres au sommet, exemple tiré de la nigelle*). C'est dans les CARPELLES qui sont, comme toutes les autres parties de la fleur, une modification des feuilles de la plante, que se développent les OVULES. La cavité qui contient ces ovules et que l'on nomme l'OVAIRE se continue par une portion amincie que l'on nomme STYLE, organe terminé lui-même par une partie généralement renflée, le STIGMATE (**fig.** *a''*, *exemple tiré de la pervenche*).

Les **étamines** dont la réunion constitue l'ANDROCÉE, sont les organes mâles de la fleur. Une étamine se compose de deux parties, le FILET et l'ANTHÈRE (**fig.** *b*, *étamine isolée, exemple tiré de l'iris*). La forme de l'anthère varie beaucoup. C'est à son intérieur UNI ou MULTILOCULAIRE (**fig.** *b'*, *étamine à quatre loges, exemple tiré du laurier camphre*), que se développe le POLLEN (**fig.** *d*, *grain de pollen de l'ail*) ; — (**fig** *d'*, *exemple tiré de la rose trémière*) ; — (**fig.** *d''*, *exemple tiré du* *géranium*). La **figure** *c*, représente un grain de pollen de pin. L'exine est relevée à droite et à gauche en deux ballons réticulés pleins d'air qui allègent le grain et lui permettent d'être facilement emporté par le vent.

A la base des étamines, quelquefois même sur les pétales, se trouvent de petits corps glanduleux auxquels on a donné le nom de NECTAIRES (**fig.** *e, exemple tiré du cedrela*) ; ils sécrètent une matière sucrée, le *nectar* avec lequel les abeilles produisent le miel.

Nous voyons (**fig.** *h, exemple tiré du nymphæa*) que les étamines ne sont que des pétales modifiés, preuve à l'appui de la théorie de la métamorphose des organes, qui établit que les parties constitutives de la fleur, depuis le calice jusqu'au pistil, ne soient que des modifications de la feuille du végétal auquel cette fleur appartient.

Le troisième verticille ou la **corolle**, est composé de plusieurs pièces désignées sous le nom de PÉTALES : lorsque ces pétales sont soudés entre eux, la fleur est MONOPÉTALE ou GAMOPÉTALE (**fig.** *l, corolle monopétale irrégulière du muflier*) ; — (**fig.** *l', corolle monopétale régulière du tabac*).

Si les pétales sont indépendants les uns des autres, la corolle est dite POLYPÉTALE (**fig.** *i, corolle polypétale régulière du nymphæa*) ; — (**fig.** *i', corolle polypétale irrégulière du haricot*). Les fleurs polypétales présentent de grandes variétés de formes dues au développement irrégulier ou au nombre exagéré de leurs parties, comme le montrent les exemples suivants : (**fig.** *k, fleur papilionacée du haricot*) dans laquelle les pétales ont été séparés les uns des autres ; — (**fig.** *g, fleur simple de l'églantier*) ; — (**fig.** *g', fleur double du rosier*).

Le quatrième verticille ou **calice** est formé par les SÉPALES, pièces qui peuvent être, comme les pétales, soudées entre elles pour constituer un CALICE MONOSÉPALE (**fig.** *o, exemple tiré de l'œillet*) ou isolées les unes des autres, ce calice est dit alors POLYSÉPALE (**fig.** *n, exemple tiré de la rose*). La **figure** *m* représente un calice de tulipe dans lequel les sépales sont démesurément développés et simulent par leur coloration et leur forme de véritables pétales.

Les **figures** suivantes : (**fig.** *a''', exemple tiré de la rose*) ; — (**fig.** *f', exemple tiré de la jacinthe*) ; — (**fig.** *p, de la primevère*), sont destinées à donner une idée de l'ensemble de la fleur.

PL XII

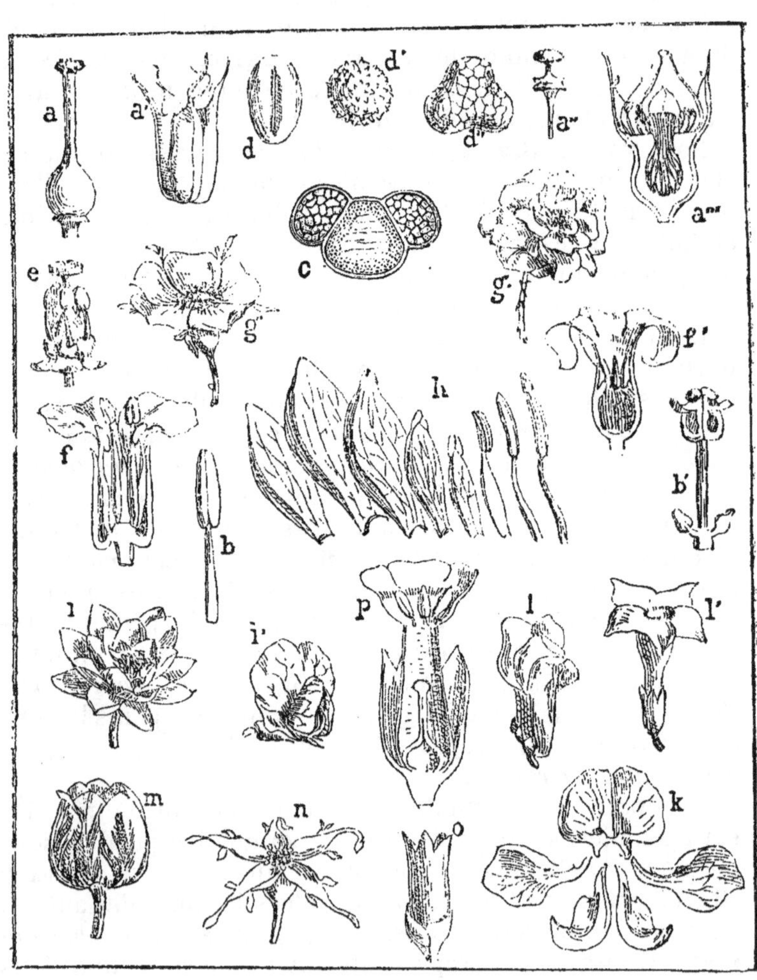

ORGANES DE REPRODUCTION.

(FLEURS.)

EXPLICATION DE LA PLANCHE XII

a **pistil à carpelles soudés** (EXEMPLE TIRÉ DE LA PRIMEVÈRE).

a′ **pistil à carpelles libres au sommet** (EXEMPLE TIRÉ DE LA NIGELLE).

a″ **stigmate** (EXEMPLE TIRÉ DE LA PERVENCHE).

a‴ **coupe verticale d'une fleur** (EXEMPLE TIRÉ DE LA ROSE).

b **étamine simple** (— DE L'IRIS).

b′ **étamine à quatre loges** (— DU LAURIER-CAMPHRIER).

c **grain de pollen du pin.**

d **grain de pollen** (EXEMPLE TIRÉ DE L'AIL).

d′ — (— DE LA ROSE TRÉMIÈRE).

d″ — (— DU GÉRANIUM).

e **nectaires** (— DU CÉDRELA).

f **étamines libres** (— DE LA GIROFLÉE).

f′ **étamines soudées à la corolle** (EXEMPLE TIRÉ DE LA JACINTHE).

g **fleur simple** (EXEMPLE TIRÉ DE L'ÉGLANTIER).

g′ **fleur double** (— DU ROSIER BENGALE).

h **transformation des étamines en pétales** (EXEMPLE TIRÉ DU NYMPHÆA).

i **corolle polypétale régulière** (EXEMPLE TIRÉ DU NYMPHÆA).

i′ **corolle polypétale irrégulière** (— DU HARICOT).

k **la même décomposée** (— DU HARICOT).

l **corolle monopétale irrégulière** (— DU MUFLIER).

l′ **corolle monopétale régulière** (— DU TABAC).

m **calice dont les sépales ressemblent à des pétales** (EXEMPLE TIRÉ DE LA TULIPE).

n **calice polysépale** (EXEMPLE TIRÉ DE LA ROSE).

o **calice monosépale** (— DE L'ŒILLET).

p **coupe verticale d'une fleur** (EXEMPLE TIRÉ DE LA PRIMEVÈRE).

PLANCHE XIII

Organes de reproduction

OVULE ET FRUIT

Cette planche est destinée à faciliter l'étude du **fruit** et de la **graine**. Le fruit est l'ovaire fécondé et parvenu à sa maturité ; la graine n'est autre chose que l'ovule contenu dans cet ovaire et devenu apte à reproduire le végétal qui lui a donné naissance.

L'ovule s'insère sur le placenta par le *funicule;* au centre de l'ovule se trouve le **nucelle**, entouré par deux bourrelets dont le plus externe a reçu le nom de *primine*, le plus interne, celui de *secondine*. Ces deux bourrelets laissent à leur sommet une ouverture, le MICROPYLE, donnant accès dans la cavité du NUCELLE où se produit bientôt l'embryon, comme nous le verrons dans la planche suivante. On distingue trois types d'ovules : 1° l'ovule ORTHOTROPE (**fig.** *b*) dans lequel le funicule et le micropyle sont diamétralement opposés ; 2° l'ovule ANATROPE (**fig.** *b*) dans lequel le funicule est dans une direction opposée à celle du micropyle; 3° l'ovule CAMPYLOTROPE (**fig.** *c*), dans lequel le micropyle vient s'appliquer contre le funicule, état intermédiaire aux deux précédents. L'ovule peut s'insérer sur le placenta suivant trois modes différents : on dit que la placentation est CENTRALE (**fig.** *d*, *exemple tiré de la primevère*), lorsque les ovules s'insèrent au centre de l'ovaire, sans avoir de connexion avec sa paroi, comme cela se voit dans la **figure** *d'* représentant la section transversale de l'ovaire de la primevère. La placentation est *axile*, si les ovules s'insèrent sur les bords carpellaires qui paraissent situés sur le prolongement de l'axe (**fig.** *e*, *exemple tiré de la* *jacinthe*). Enfin si les bords carpellaires sont simplement unis entre eux par la face externe de leurs parois tout en formant une seule loge, et que les ovules s'insèrent sur ces parois, la placentation est dite PARIÉTALE (**fig.** *f, exemple tiré de la violette*).

Le fruit est composé de trois couches qui sont (**fig.** ***r***, *section verticale de la pêche*), en allant de dehors en dedans : 1° l'*épicarpe* représenté par la peau : 2° le *sarcocarpe* ou couche charnue ; 3° l'*endocarpe* ou noyau. Ces différentes parties varient beaucoup d'aspect dans les différents végétaux.

On classe les différentes sortes de fruits en quatre groupes principaux qui sont :

1° Les fruits **apocarpés**, subdivisés eux-mêmes en fruits *indéhiscents*, tels que le CARYOPSE (**fig.** *g, exemple tiré de l'avoine*; — l'AKÈNE (**fig.** *h, exemple tiré du sarrasin*). En fruits *déhiscents*, tels que la GOUSSE (**fig.** *i, exemple tiré du pois*) ; — la PIXIDE (**fig.** *o, exemple tiré du pourpier*). Enfin en fruits CHARNUS, tels que la DRUPE (**fig.** *q, exemple tiré du cerisier*) ; — (**fig.** ***z***, *exemple tiré du pêcher*).

2° Les fruits **polycarpés** (**fig.** *u, exemple tiré du fraisier*) ; — (**fig.** *v, exemple tiré du framboisier*).

3° Les fruits **syncarpés**, subdivisés comme les précédents en fruits SYNCARPÉS DÉHISCENTS (**fig.** *l, exemple tiré de la pivoine*) ; — en fruits INDÉHISCENTS, tels que la SAMARE (**fig.** *m, exemple tiré de l'érable*) ; — le GLAND renfermé dans un *involucre* nommé *cupule* (**fig.** ***p***, *exemple tiré du chêne*) ; en fruits SYNCARPÉS DÉHISCENTS : la SILIQUE (**fig.** *k, exemple tiré de la giroflée*) ; — la CAPSULE (**fig.** *n, exemple tiré de la tulipe*). Enfin en fruits SYNCARPÉS CHARNUS qui sont : la MÉLONIDE (**fig.** ***s***, *exemple tiré de la pomme*) ; — la BAIE (**fig.** ***t***, *exemple tiré du groscillier*).

4° Les **synanthocarpés** ou **composés**, tels que le SOROSE (**fig.** *w, exemple tiré du mûrier*) ; — (**fig.** *x, exemple tiré du figuier*) ; — (**fig.** *y, exemple tiré du dorstenia*) ; enfin le CÔNE ou STROBILE (**fig.** ***z***, *exemple tiré du cyprès*) ; — et (**fig.** ***zz***, *exemple tiré du pin*).

PL. XIII

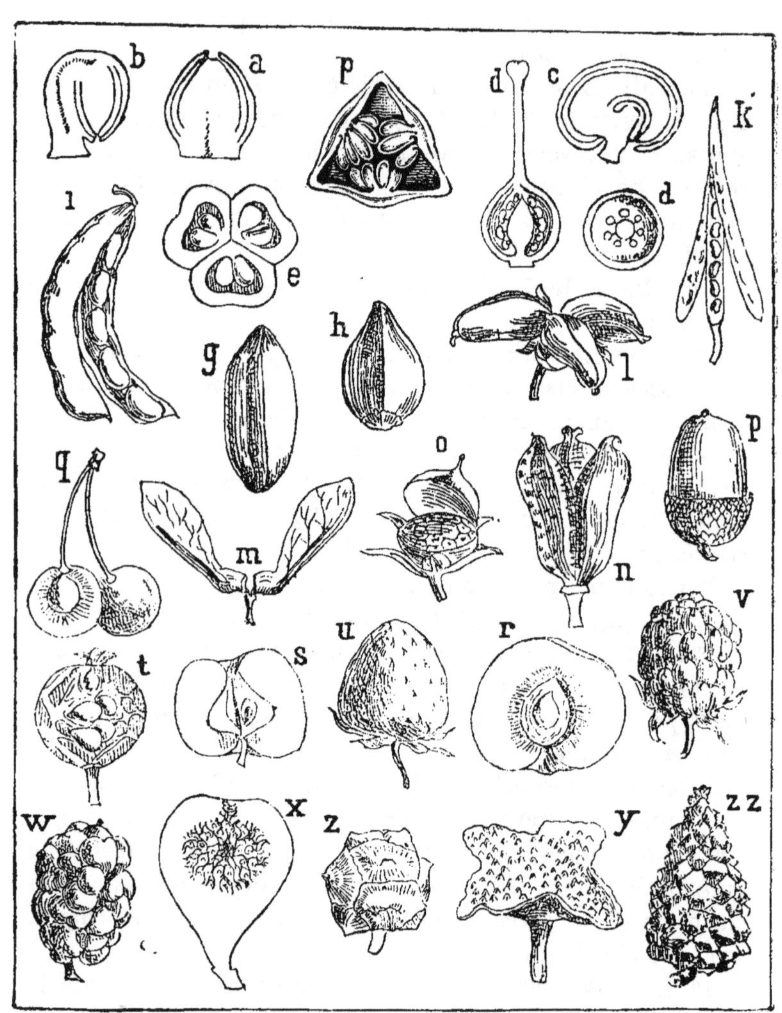

OVULE ET FRUIT.

EXPLICATION DE LA PLANCHE XIII

a **ovule orthotrope.**
b — **anatrope.**
c — **campylotrope.**
d **coupe verticale d'un ovaire à placentation centrale** (EXEMPLE TIRÉ DE LA PRIMEVÈRE).
d' **ovaire à placentation centrale** (EXEMPLE TIRÉ DE LA PRIMEVÈRE).
e **ovaire à placentation axile** (EXEMPLE TIRÉ DE LA JACINTHE).
f **ovaire à placentation pariétale** (EXEMPLE TIRÉ DE LA VIOLETTE).
g **fruit en forme de caryopse** (EXEMPLE TIRÉ DE L'AVOINE).
h — **d'akène** (— DU SARRASIN).
i — **de gousse** (— DU POIS).
k — **de silique** (— DE LA GIROFLÉE).
l — **de follicules** (— DE LA PIVOINE).
m — **de samare** (— DE L'ÉRABLE).
n — **de capsule** (— DE LA TULIPE).
o — **de pyxide** (— DU POURPIER).
p **cupule en forme d'involucre portant le gland** (EXEMPLE TIRÉ DU CHÊNE).
q **drupe charnu** (EXEMPLE TIRÉ DU CERISIER).
r — **section verticale** (EXEMPLE TIRÉ DU PÊCHER).
s **pomme** (— DU POMMIER).
t **baie** (— DU GROSEILLIER)
u **akènes portés sur un réceptacle succulent** (EXEMPLE TIRÉ DU FRAISIER).
v **fruit composé de carpelles multiples** (EXEMPLE TIRÉ DU FRAMBOISIER).
w **fruit en sorose ou réunion de drupes ayant chacun leur enveloppe succulente, et qui provient de fleurs supportées par un même épi** (EXEMPLE DU MURIER).
x **sycone, réceptacle charnu portant un grand nombre de fleurs dont les fruits sont des akènes pourvus d'une enveloppe charnue** (EXEMPLE TIRÉ DU FIGUIER).
y **sycone restant naturellement étalé** (EXEMPLE TIRÉ DU DORSTENIA).
z **strobile ou cône** (EXEMPLE TIRÉ DU CYPRÈS).
zz **cône** (— DU PIN).

PLANCHE XIV

Organes de reproduction

FÉCONDATION

Lorsque le grain de pollen quittant les loges de l'anthère, tombe sur le stigmate, il y rencontre un liquide visqueux qui lui permet d'adhérer à ce dernier organe. Ce grain de pollen subit en outre certaines modifications et nous voyons apparaître à sa surface un tube plus ou moins allongé auquel on donne le nom de TUBE POLLINIQUE filament creux destiné à pénétrer dans l'ovaire pour aller y opérer la fécondation de la vésicule embryonnaire (*v*) comme le montre la **figure** suivante (**fig.** *a*, *section longitudinale d'un ovule anatrope*), dans laquelle le tube pollinique est arrivé jusqu'au sac embryonnaire après avoir traversé le micropyle de l'ovule.

Les **figures** suivantes (**fig.** *d*, *e*, *f*, *g*, *h*, *i*, *j*, *k*, *l*) permettent d'étudier les différentes enveloppes et le contenu de la jeune graine. Les graines dans les végétaux phanérogames renferment l'embryon ; elles se composent de deux parties : 1° une enveloppe nommée TESTA ou PEAU ; 2° une AMANDE, qui est quelquefois constituée en entier par l'EMBRYON (**fig.** *l*, *exemple tiré du haricot*). Le plus souvent, à l'embryon, se joint une substance appelée *albumen* ou *endosperme* qui doit lui servir de nourriture ; cet embryon est dit INTRAIRE, lorsque l'albumen l'entoure complètement (**fig.** *d*, *exemple tiré du coquelicot*) ; il est EXTRAIRE, lorsqu'il est rejeté sur le côté de l'albumen (**fig.** *m*, *exemple tiré du blé*) ; enfin PÉRIPHÉRIQUE, lorsqu'il entoure complètement l'albumen **fig.** *e*, *exemple tiré de la nielle des blés*).

La surface de la graine peut présenter différents aspects; elle peut être LISSE (**fig.** *g*, *exemple tiré du poirier*); — ALVÉOLÉE (**fig.** *h*, *exemple tiré du coquelicot*); — VELUE (**fig.** *i*, *exemple tiré du cotonnier*); — AILÉE (**fig.** *k*, *exemple tiré du pin*).

Les **figures** *l*, *m*, *n* sont consacrées à la germination, cet acte par lequel l'embryon après avoir été fécondé rompt ses enveloppes pour se transformer en un nouvel individu.

Les **figures** *l*, *l''*, *l'* représentent trois phases de la germination du haricot; *m*, *m' m''* donnent quatre phases différentes de la germination du blé. Enfin la **figure** *n* représente un embryon à cotylédons divisés (*exemple tiré du pin maritime*).

PL. XIV

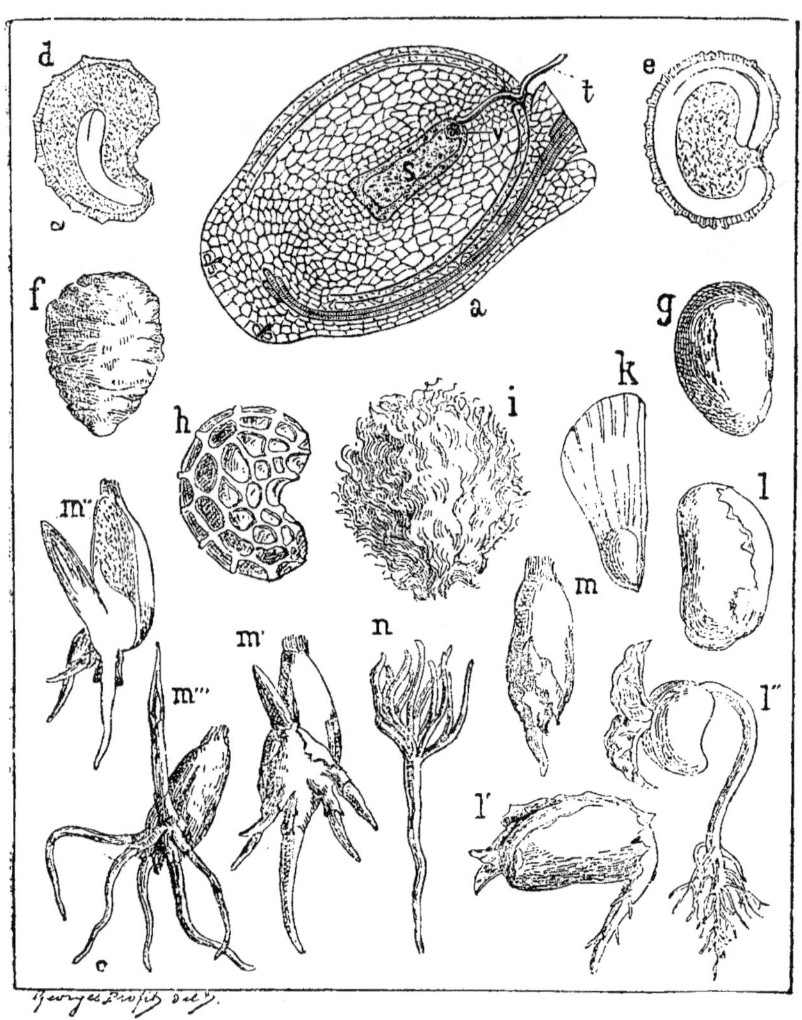

ORGANES DE REPRODUCTION.

(FÉCONDATION.)

EXPLICATION DE LA PLANCHE XIV

a **Coupe longitudinale d'un ovule montrant la fécondation.** La vésicule embryonnaire (*v*) contenue dans le sac embryonnaire (*s*) est en contact avec le tube pollinique (*t*).

d **coupe d'une graine dans laquelle l'albumen entoure l'embryon** (EXEMPLE TIRÉ DU COQUELICOT).

e **coupe d'une graine dans laquelle l'embryon entoure l'albumen** (EXEMPLE TIRÉ DE LA NIELLE DES BLÉS).

f **graine dont le tégument appelé** TESTA **est surplissé** (EXEMPLE TIRÉ DE LA NIGELLE).

g **graine lisse** (EXEMPLE TIRÉ DU POIRIER).

h — **alvéolée** (— DU COQUELICOT).

i — **recouverte de filaments laineux** (EXEMPLE TIRÉ DU COTONNIER).

k **graine ailée** (EXEMPLE TIRÉ DU PIN).

l, l', l'' **trois phases de la germination** (EXEMPLES TIRÉS DU HARICOT).

m, m', m'', m''' **quatre phases de la germination** (EXEMPLE TIRÉ DU BLÉ).

n **embryon à cotylédons divisés** (EXEMPLE TIRÉ DU PIN).

www.ingramcontent.com/pod-product-compliance
Lightning Source LLC
LaVergne TN
LVHW050431160826
845677LV00002BA/659

* 9 7 8 2 3 2 9 6 8 3 4 4 7 *